Projeto LUMIRÁ

GEOGRAFIA 2

Organizadora: Editora Ática S.A.
Obra coletiva concebida pela Editora Ática S.A.
Editora responsável: Heloisa Pimentel

Material de apoio deste volume:

- Cartonados e adesivos

editora ática

editora ática

Diretoria editorial
Lidiane Vivaldini Olo
Gerência editorial
Luiz Tonolli
Editoria de Ciências Humanas
Heloisa Pimentel
Edição
Maria Luísa Nacca
Lucas Abrami (assist.) e Mariana Renó Faria (estag.)
Gerência de produção editorial
Ricardo de Gan Braga
Arte
Andréa Dellamagna (coord. de criação),
Talita Guedes (progr. visual de capa e miolo),
Claudio Faustino (coord.),
Yong Lee Kim (editora) e
Luiza Massucato, Casa de Tipos (diagram.)
Revisão
Hélia de Jesus Gonsaga (ger.),
Rosângela Muricy (coord.),
Ana Curci, Ana Paula Chabaribery Malfa,
Patrícia Travanca e Vanessa de Paula Santos,
Brenda Morais e Gabriela Miragaia (estagiárias)
Iconografia
Sílvio Kligin (superv.),
Denise Durand Kremer (coord.),
Denise Durand Kremer (pesquisa),
Cesar Wolf e Fernanda Crevin (tratamento de imagem)
Ilustrações
Estúdio Icarus – Criação de Imagem (capa),
Adilson Farias, Angelo Abu, Giz de Cera, Ilustra Cartoon,
Hector Gomez, HQZart e Rubem Filho (miolo),
Estúdio de bolso e Ilustra Cartoon (Cartonados e adesivos)

Direitos desta edição cedidos à Editora Ática S.A.
Avenida das Nações Unidas, 7221, 3º andar, Setor A
Pinheiros – São Paulo – SP – CEP 05425-902
Tel.: 4003-3061
www.atica.com.br / editora@atica.com.br

Dados Internacionais de Catalogação na Publicação (CIP)
(Câmara Brasileira do Livro, SP, Brasil)

Projeto Lumirá : geografia : 2º ao 5º ano /
obra coletiva da Editora Ática ; editor
responsável : Heloisa Pimentel . – 2. ed. –
São Paulo : Ática, 2016. – (Projeto Lumirá :
geografia)

1. Geografia (Ensino fundamental) I. Pimentel,
Heloisa. II. Série.

16-01315 CDD-372.891

Índice para catálogo sistemático:
1. Geografia : Ensino fundamental 372.891

2017

ISBN 978 85 08 17850 6 (AL)
ISBN 978 85 08 17851 3 (PR)

Cód. da obra CL 739148

CAE 565909 (AL) / 565910 (PR)

2ª edição
3ª impressão

Impressão e acabamento
Bercrom Gráfica e Editora

Elaboração dos originais

Karina Corrales Nunes Dabarian
Licenciada em Pedagogia pela Universidade Paulista (Unip-SP)
Pós-graduada (*lato sensu*) em Psicopedagogia pela Universidade Paulista (Unip-SP)
Professora do Ensino Fundamental da rede particular de ensino de São Paulo (SP)

Carla de Garcia Mauro
Licenciada em Pedagogia pela Universidade Paulista (Unip-SP)
Professora de Educação Infantil e do Ensino Fundamental da rede particular de ensino de São Paulo (SP)

Marianka Gonçalves Santa Bárbara
Licenciada em Letras pela Universidade Federal de Campina Grande (UFCG-PB)
Mestra em Linguística Aplicada pela Pontifícia Universidade Católica de São Paulo (PUC-SP)
Professora do Cogeae-PUC-SP

Projeto LUMIRÁ

ESTE É O SEU LIVRO DE
GEOGRAFIA DO 2º ANO.

ESCREVA AQUI O SEU NOME:

____

____

ESTE LIVRO VAI AJUDAR VOCÊ A INVESTIGAR E COMPREENDER O MUNDO EM QUE VIVEMOS.
COM ELE VOCÊ VAI DESCOBRIR MAIS SOBRE OUTRAS CRIANÇAS E TAMBÉM SOBRE A SUA CASA, A SUA ESCOLA, AS RUAS E OS BAIRROS.

BOM ESTUDO!

CARO ALUNO

VOCÊ ESTÁ COMEÇANDO SEU ANO ESCOLAR. AO LONGO DESSE TEMPO, VOCÊ VAI APRENDER COISAS NOVAS E IMPORTANTES PARA O SEU DIA A DIA E PARA O FUTURO, COMO:

- LER E ESCREVER, RECONHECENDO PALAVRAS, SONS E TEXTOS;
- IDENTIFICAR NÚMEROS, OPERAÇÕES E FIGURAS;
- CONHECER O CORPO HUMANO, OS ANIMAIS E A NATUREZA;
- DESVENDAR O LUGAR EM QUE VIVEMOS;
- ENTENDER A HISTÓRIA DAS PESSOAS E DAS CIDADES.

O **PROJETO LUMIRÁ** VAI SER SEU COMPANHEIRO. NELE VOCÊ VAI ENCONTRAR TEXTOS, ATIVIDADES, JOGOS, ILUSTRAÇÕES E FOTOGRAFIAS MUITO INTERESSANTES. VOCÊ VAI APRENDER, PARTICIPAR DAS DESCOBERTAS E SE DIVERTIR MUITO.

BOM ESTUDO!

COMO É O MEU LIVRO?

ESTE LIVRO TEM QUATRO UNIDADES, CADA UMA DELAS COM TRÊS CAPÍTULOS. NO FINAL, NA SEÇÃO **PARA SABER MAIS** HÁ INDICAÇÕES DE LIVROS, VÍDEOS E *SITES* PARA COMPLEMENTAR SEU ESTUDO.

ABERTURA DE UNIDADE

VOCÊ OBSERVA A IMAGEM, RESPONDE ÀS QUESTÕES E TROCA IDEIAS COM OS COLEGAS E O PROFESSOR SOBRE O QUE VAI ESTUDAR.

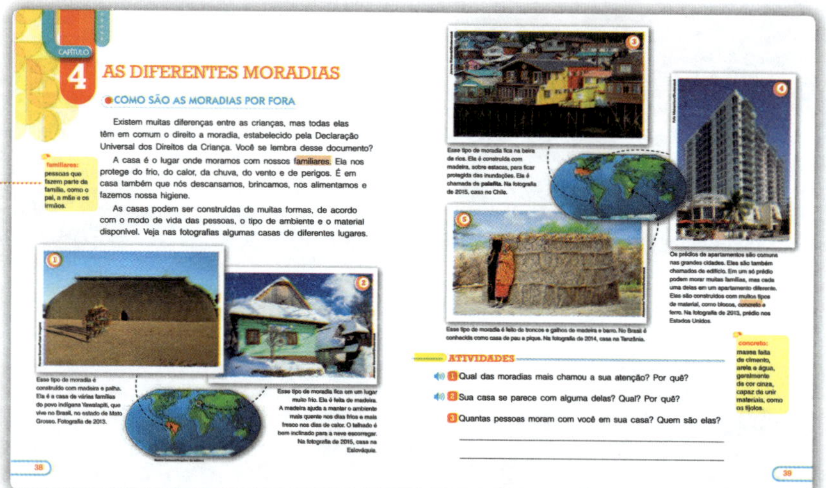

CAPÍTULOS

TEXTOS, FOTOGRAFIAS, ILUSTRAÇÕES E MAPAS VÃO MOTIVAR VOCÊ A PENSAR, QUESTIONAR E APRENDER. HÁ ATIVIDADES PARA CADA TEMA. NO FINAL DO CAPÍTULO, A SEÇÃO **ATIVIDADES DO CAPÍTULO** TRAZ MAIS EXERCÍCIOS PARA COMPLETAR SEU ESTUDO.

GLOSSÁRIO

O GLOSSÁRIO EXPLICA O SIGNIFICADO DE ALGUMAS PALAVRAS QUE TALVEZ VOCÊ NÃO CONHEÇA.

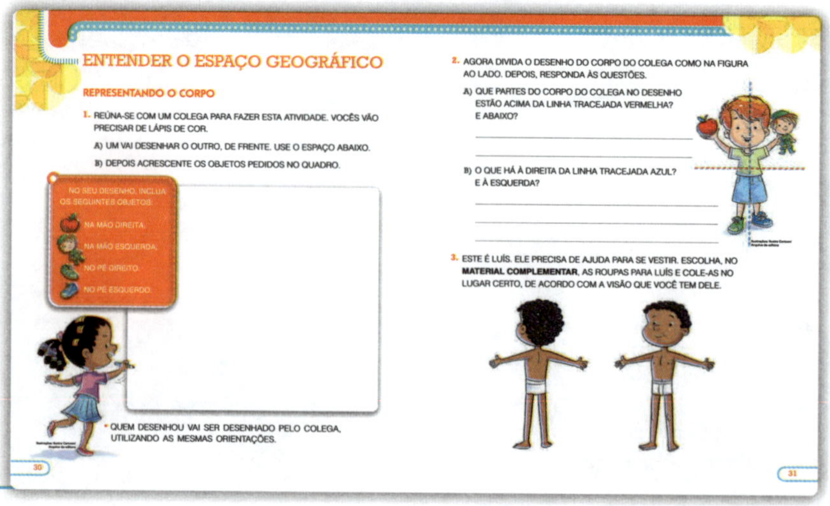

ENTENDER O ESPAÇO GEOGRÁFICO

AQUI VOCÊ VAI CONHECER E UTILIZAR A LINGUAGEM CARTOGRÁFICA.

ÍCONE

ATIVIDADE ORAL

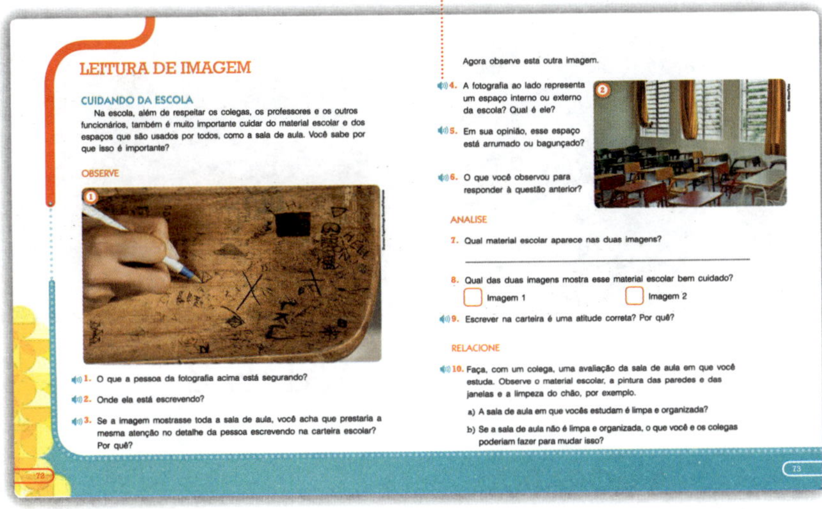

LEITURA DE IMAGEM

CUIDANDO DA ESCOLA

Na escola, além de respeitar os colegas, os professores e os outros funcionários, também é muito importante cuidar do material escolar e dos espaços que são usados por todos, como a sala de aula. Você sabe por que isso é importante?

OBSERVE

1. O que a pessoa da fotografia acima está segurando?
2. Onde ela está escrevendo?
3. Se a imagem mostrasse toda a sala de aula, você acha que prestaria a mesma atenção no detalhe da pessoa escrevendo na carteira escolar? Por quê?

Agora observe esta outra imagem.

4. A fotografia ao lado representa um espaço interno ou externo da escola? Qual é ele?
5. Em sua opinião, esse espaço está arrumado ou bagunçado?
6. O que você observou para responder à questão anterior?

ANALISE

7. Qual material escolar aparece nas duas imagens?
8. Qual das duas imagens mostra esse material escolar bem cuidado?
Imagem 1 Imagem 2
9. Escrever na carteira é uma atitude correta? Por quê?

RELACIONE

10. Faça, com um colega, uma avaliação da sala de aula em que você estuda. Observe o material escolar, a pintura das paredes e das janelas e a limpeza do chão, por exemplo.
a) A sala de aula em que vocês estudam é limpa e organizada?
b) Se a sala de aula não é limpa e organizada, o que você e os colegas poderiam fazer para mudar isso?

LEITURA DE IMAGEM

AQUI VOCÊ VAI FAZER UM TRABALHO COM IMAGENS. ELAS AJUDAM VOCÊ A REFLETIR SOBRE OS TEMAS ESTUDADOS: O QUE É PARECIDO COM SEU DIA A DIA, O QUE É DIFERENTE.

LER E ENTENDER

NESTA SEÇÃO VOCÊ VAI LER DIFERENTES TEXTOS. PODE SER UM POEMA, UM RÓTULO DE PRODUTO OU UMA NOTÍCIA. UM ROTEIRO DE PERGUNTAS VAI AJUDAR VOCÊ A LER CADA VEZ MELHOR E A RELACIONAR O QUE LEU AOS CONTEÚDOS ESTUDADOS.

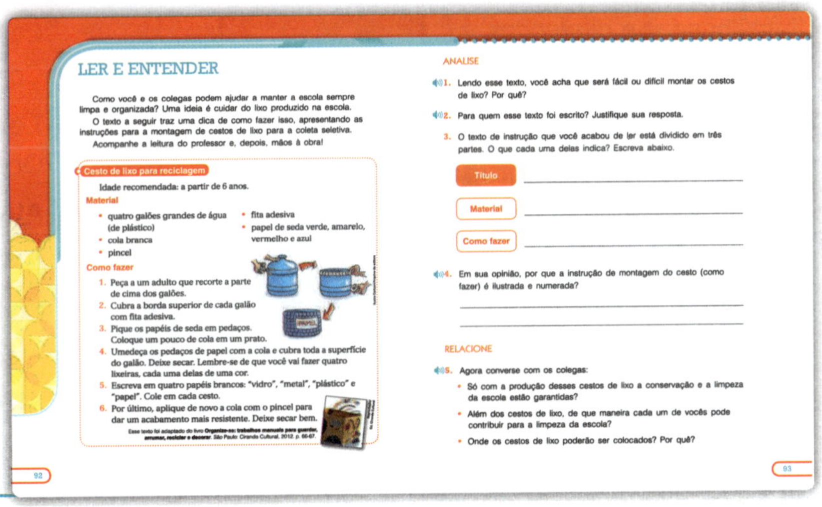

LER E ENTENDER

Como você e os colegas podem ajudar a manter a escola sempre limpa e organizada? Uma ideia é cuidar do lixo produzido na escola.

O texto a seguir traz uma dica de como fazer isso, apresentando as instruções para a montagem de cestos de lixo para a coleta seletiva. Acompanhe a leitura do professor e, depois, mãos à obra!

Cesto de lixo para reciclagem

Idade recomendada: a partir de 6 anos.

Material
- quatro galões grandes de água (de plástico)
- cola branca
- pincel
- fita adesiva
- papel de seda verde, amarelo, vermelho e azul

Como fazer
1. Peça a um adulto que recorte a parte de cima dos galões.
2. Cubra a borda superior de cada galão com fita adesiva.
3. Pique os papéis de seda em pedaços. Coloque um pouco de cola em um prato.
4. Umedeça os pedaços de papel com a cola e cubra toda a superfície do galão. Deixe secar. Lembre-se de que você vai fazer quatro lixeiras, cada uma delas de uma cor.
5. Escreva em quatro papéis brancos: "vidro", "metal", "plástico" e "papel". Cole em cada cesto.
6. Por último, aplique de novo a cola com o pincel para dar um acabamento mais resistente. Deixe secar bem.

ANALISE

1. Lendo esse texto, você acha que será fácil ou difícil montar os cestos de lixo? Por quê?
2. Para quem esse texto foi escrito? Justifique sua resposta.
3. O texto de instrução que você acabou de ler está dividido em três partes. O que cada uma delas indica? Escreva abaixo.
Título
Material
Como fazer
4. Em sua opinião, por que a instrução de montagem do cesto (como fazer) é ilustrada e numerada?

RELACIONE

5. Agora converse com os colegas:
- Só com a produção desses cestos de lixo a conservação e a limpeza da escola estão garantidas?
- Além dos cestos de lixo, de que maneira cada um de vocês pode contribuir para a limpeza da escola?
- Onde os cestos de lixo poderão ser colocados? Por quê?

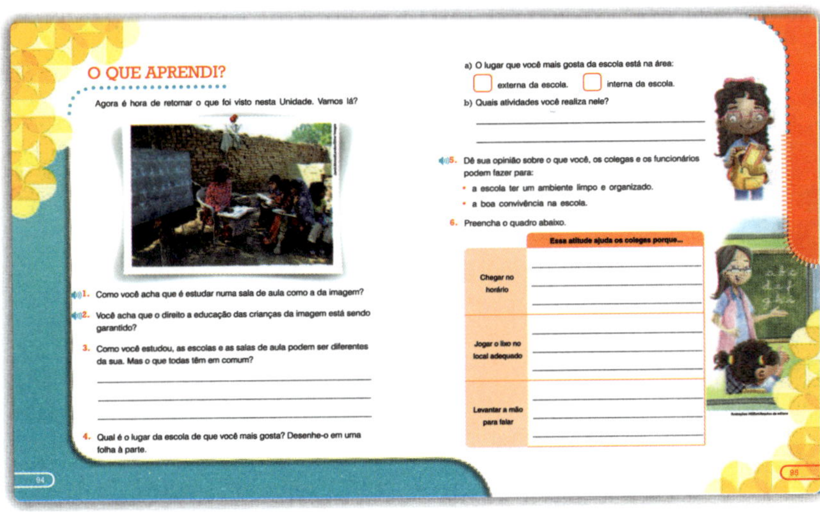

O QUE APRENDI?

Agora é hora de retomar o que foi visto nesta Unidade. Vamos lá?

1. Como você acha que é estudar numa sala de aula como a da imagem?
2. Você acha que o direito à educação das crianças da imagem está sendo garantido?
3. Como você estudou, as escolas e as salas de aula podem ser diferentes da sua. Mas o que todas têm em comum?
4. Qual é o lugar da escola de que você mais gosta? Desenhe-o em uma folha à parte.

a) O lugar que você mais gosta da escola está na área:
externa da escola. interna da escola.
b) Quais atividades você realiza nele?

5. Dê sua opinião sobre o que você, os colegas e os funcionários podem fazer para:
- a escola ter um ambiente limpo e organizado.
- a boa convivência na escola.

6. Preencha o quadro abaixo.

	Essa atitude ajuda os colegas porque...
Chegar no horário	
Jogar o lixo no local adequado	
Levantar a mão para falar	

O QUE APRENDI?

AQUI VOCÊ ENCONTRA ATIVIDADES PARA PENSAR NO QUE APRENDEU, MOSTRAR O QUE JÁ SABE E REFLETIR SOBRE O QUE PRECISA MELHORAR.

SUMÁRIO

Henry Vitor/Acervo do artista

UNIDADE 1

UNIDADE 2

Giz de Cera/
Arquivo da editora

Jamil Ahmed/Landov/Other Images

Hector Gomez/Arquivo da editora

UNIDADE 3

UNIDADE 4

UNIDADE

1 EU E OS OUTROS

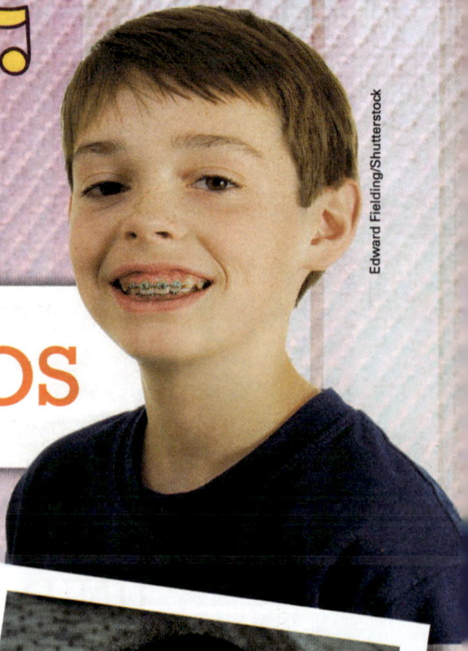

Edward Fielding/Shutterstock

Pressmaster/Shutterstock

Apollofoto/Shutterstock

G. Evangelista/Opção Brasil Imagens

Zzvet/Shutterstock

Nick Fox/Shutterstock

Van Thanh Chuong/Shutterstock

Studio 1One/Shutterstock

Stuart Monk/Shutterstock

Pete Pahham/Shutterstock

Ami Parikh/Shutterstock

- OBSERVANDO ESTAS CRIANÇAS, QUAIS DIFERENÇAS VOCÊ PERCEBE ENTRE ELAS? E QUAIS SEMELHANÇAS?
- OLHANDO PARA AS CRIANÇAS É POSSÍVEL SABER DO QUE ELAS MAIS GOSTAM?
- VOCÊ IMAGINA DE QUE LUGARES SÃO ESTAS CRIANÇAS?

Mario Friedlander/Pulsar Imagens

Len44ik/Shutterstock

DiversityStudio/Shutterstock

CAPÍTULO 1

CADA UM DO SEU JEITO

SEMELHANÇAS E DIFERENÇAS

HÁ CRIANÇAS NO MUNDO TODO.

TODAS TÊM UM NOME, COMO VOCÊ.

MAS CADA CRIANÇA TEM CARACTERÍSTICAS FÍSICAS DIFERENTES, COMO A COR DA PELE, O TIPO DE CABELO, A ALTURA E A COR DOS OLHOS.

ALÉM DISSO, CADA CRIANÇA TEM UM GOSTO E UM JEITO DE SER DIFERENTE: UMAS GOSTAM DE FALAR, OUTRAS FALAM BEM POUCO; ALGUMAS SÃO MAIS SORRIDENTES, OUTRAS NEM TANTO.

LEIA A LETRA DA CANÇÃO ABAIXO.

DIFERENÇAS

CADA UM TEM UM
ROSTO, CORPO, NOME,
JEITO DE SER.

TODO MUNDO TEM NARIZ!
TODO MUNDO TEM UM PÉ,
OUTRO PÉ.

TODO MUNDO É DIFERENTE
SENDO IGUAL,
TODO MUNDO É IGUAL
SENDO DIFERENTE.
[...]

ESSA CANÇÃO FAZ PARTE DO LIVRO **CANTEIRO: MÚSICAS PARA BRINCAR**, DE MARGARETH DAREZZO. SÃO PAULO: ÁTICA, 2011. P. 14.

Ilustrações: Giz de Cera/Arquivo da editora

ALGUMAS CRIANÇAS MORAM EM LUGARES ONDE FAZ MUITO FRIO, OUTRAS VIVEM EM LUGARES MUITO QUENTES. CADA UMA DELAS FALA A LÍNGUA PRÓPRIA DE ONDE VIVE, COME E SE VESTE DE ACORDO COM OS COSTUMES DO LUGAR.

PARA QUE TODOS POSSAM CONVIVER EM HARMONIA, É PRECISO RESPEITAR AS DIFERENÇAS DE CADA UM. NENHUMA PESSOA É MELHOR OU PIOR DO QUE OUTRA POR CAUSA DA COR DA SUA PELE OU DO PAÍS EM QUE NASCEU.

Silvestre Machado/Opção Brasil Imagens

MARIA TEM 7 ANOS E MORA NO BRASIL.

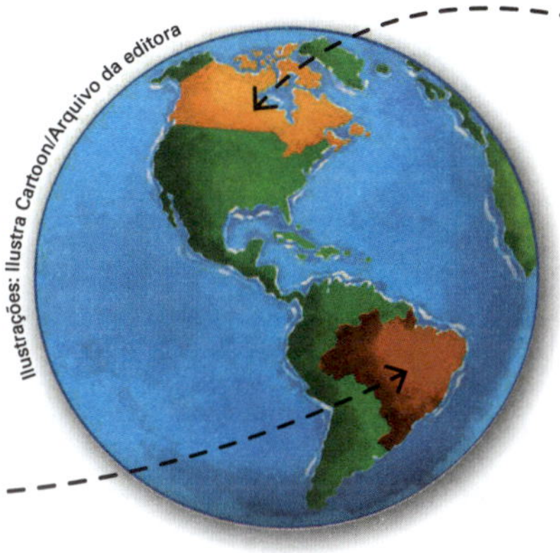

Ilustrações: Ilustra Cartoon/Arquivo da editora

David Hiser/Getty Images

LUKASI TEM 5 ANOS E MORA NO CANADÁ.

ATIVIDADES

1 PREENCHA O QUADRO COM AS SUAS CARACTERÍSTICAS. DEPOIS COMPLETE COM AS CARACTERÍSTICAS DE UM DOS SEUS COLEGAS, OBSERVANDO O QUE ELE MARCOU NO LIVRO DELE.

	MINHAS CARACTERÍSTICAS	**CARACTERÍSTICAS DE ________ (COLOCAR O NOME DO COLEGA)**
COR DO CABELO		
COR DOS OLHOS		
JEITO DE SER		

2 QUAIS SÃO AS SEMELHANÇAS E AS DIFERENÇAS ENTRE VOCÊS?

DIREITOS IGUAIS PARA TODOS

TODOS, ADULTOS E CRIANÇAS, MERECEM SER RESPEITADOS.

PARA GARANTIR QUE TODAS AS CRIANÇAS RECEBAM CUIDADOS E QUE SEJAM PROTEGIDAS E RESPEITADAS, FOI CRIADA A **DECLARAÇÃO UNIVERSAL DOS DIREITOS DA CRIANÇA**. CABE AOS ADULTOS GARANTIR ESSES DIREITOS.

NACIONALIDADE: ORIGEM DE ACORDO COM O PAÍS DE NASCIMENTO.

ESSE DOCUMENTO APRESENTA VÁRIOS PRINCÍPIOS. CONHEÇA ALGUNS DELES NA ILUSTRAÇÃO ABAIXO.

Ilustra Cartoon/Arquivo da editora

MAS AS CRIANÇAS E OS ADULTOS NÃO TÊM SÓ DIREITOS. ELES TAMBÉM TÊM DEVERES. VEJA ALGUNS EXEMPLOS:

RESPEITAR TODAS AS PESSOAS E SUAS DIFERENÇAS.

PRESERVAR OS ESPAÇOS QUE TODOS UTILIZAM E O MEIO AMBIENTE.

PRESERVAR: PROTEGER; CUIDAR.

ATIVIDADES

1 TODAS AS CRIANÇAS TÊM O DIREITO DE FREQUENTAR A ESCOLA. EM SUA OPINIÃO, ISSO É IMPORTANTE? POR QUÊ?

2 COMPLETE A FRASE, CONFORME O EXEMPLO ABAIXO.

TODA CRIANÇA TEM DIREITO A EDUCAÇÃO E O DEVER DE ESTUDAR.

- TODA CRIANÇA TEM O DIREITO DE SER RESPEITADA E O DEVER DE ______________________ OS OUTROS.

3 BRINCAR É UM DOS DIREITOS DE TODAS AS CRIANÇAS. MUITAS BRINCADEIRAS SÃO PRATICADAS EM GRUPO E PARA ISSO SÃO NECESSÁRIAS REGRAS.

A) PARA QUE SERVEM AS REGRAS NAS BRINCADEIRAS E JOGOS?

B) ESCOLHA UMA BRINCADEIRA OU UM JOGO E ESCREVA UMA DE SUAS REGRAS.

____

____

C) AGORA IMAGINE UM JOGO SEM REGRAS. O QUE VOCÊ ACHA QUE ACONTECERIA?

4 ESCOLHA UM DOS DIREITOS DESCRITOS NOS CARTAZES DA PÁGINA AO LADO E FAÇA UM DESENHO EM SEU CADERNO.

ATIVIDADES DO CAPÍTULO

1. OBSERVE AS CRIANÇAS DAS FOTOGRAFIAS ABAIXO E LEIA AS INFORMAÇÕES SOBRE ELAS. DEPOIS UTILIZE OS ADESIVOS DO **MATERIAL COMPLEMENTAR** PARA CRIAR UM PERSONAGEM NO ESPAÇO EM BRANCO. COMPLETE A FRASE COM INFORMAÇÕES DELE.

Ilustra Cartoon/Arquivo da editora

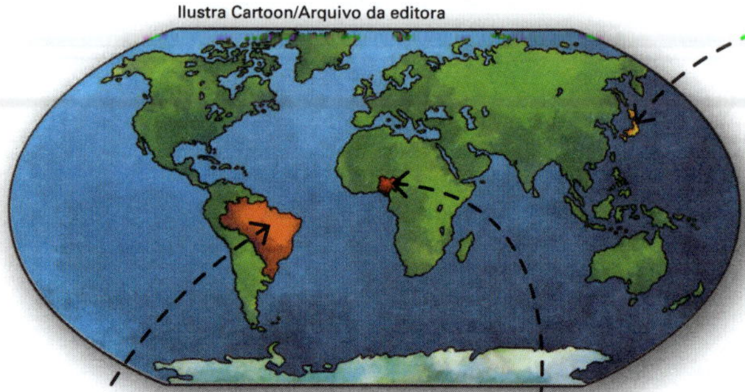

Image Werks Co.,Ltd./Alamy/AGB Photo

AKIRA TEM 7 ANOS E MORA NO JAPÃO.

Lawrence Manning/Corbis/Latinstock

ARETA TEM 8 ANOS E MORA NA NIGÉRIA.

____

TEM __________ ANOS E MORA

______________________________.

- HÁ SEMELHANÇAS ENTRE VOCÊ E ESSAS CRIANÇAS? QUAIS?

2. ESCOLHA O DIREITO QUE CORRESPONDE A CADA FOTOGRAFIA E ESCREVA-O NO ESPAÇO DISPONÍVEL.

SAÚDE | ALIMENTAÇÃO | MORADIA | AMOR E COMPREENSÃO

Monkey Business Image/Shutterstock

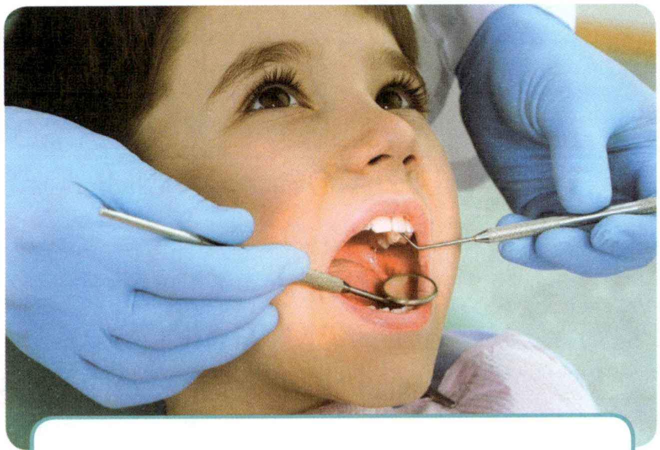
Pressmaster/Shutterstock/Glow Images

Sofi photo/Shutterstock

Eric L. Wheater/Lonely Planet Images/Getty Images

3. TODAS AS CRIANÇAS TÊM O DIREITO DE BRINCAR. QUAL É A SUA BRINCADEIRA PREFERIDA?

4. VOCÊ JÁ VIU CRIANÇAS VENDENDO BALAS NAS RUAS DA CIDADE EM QUE MORA? QUE DIREITO DESSAS CRIANÇAS NÃO ESTÁ SENDO RESPEITADO? EXPLIQUE A SUA RESPOSTA.

CAPÍTULO

2 EU E OS GRUPOS

PARA VIVER BEM EM GRUPO

VOCÊ JÁ PERCEBEU QUE CONVIVE COM MUITAS PESSOAS NO SEU DIA A DIA?

QUE TAL PENSAR SOBRE ISSO? EM SEU CADERNO, FAÇA UMA LISTA COM O NOME DAS PESSOAS COM AS QUAIS VOCÊ CONVIVE.

QUANDO VOCÊ ESTÁ EM CASA OU NA ESCOLA, VOCÊ SE RELACIONA COM PESSOAS DIFERENTES. VOCÊ E ESSAS PESSOAS FORMAM **GRUPOS**.

OBSERVE OS GRUPOS DA ILUSTRAÇÃO ABAIXO.

CONVIVE: VIVE OU REALIZA ATIVIDADES COM OUTRAS PESSOAS.

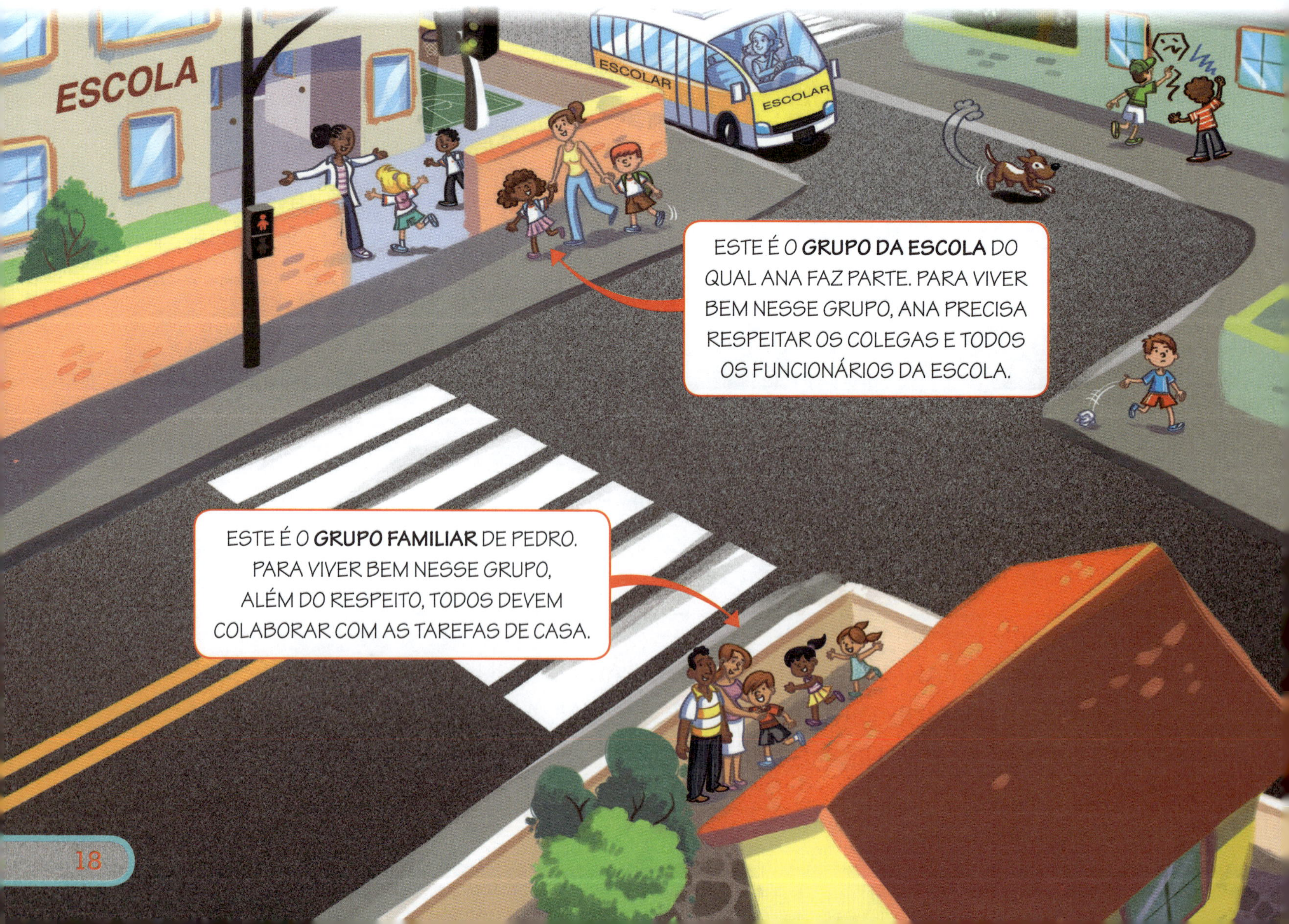

PARA O BOM CONVÍVIO EM GRUPO, É IMPORTANTE QUE TODOS SE RESPEITEM. PARA ISSO, OS GRUPOS COSTUMAM COMBINAR REGRAS, QUE DEVEM VALER PARA TODAS AS PESSOAS.

REGRAS: LEIS; NORMAS.

ATIVIDADES

1. CADA PESSOA PODE PERTENCER A MAIS DE UM GRUPO. A QUE GRUPOS VOCÊ PERTENCE?

2. CONVERSE COM OS COLEGAS SOBRE AS REGRAS DA SALA DE AULA E DA ESCOLA. DEPOIS ESCREVA A REGRA MAIS IMPORTANTE PARA VOCÊ.

____

____

3. OBSERVE NOVAMENTE A ILUSTRAÇÃO. CIRCULE AS TRÊS CENAS EM QUE AS PESSOAS NÃO ESTÃO RESPEITANDO REGRAS. DEPOIS ESCREVA QUAIS SÃO ESSAS REGRAS.

____

____

____

Ilustra Cartoon/Arquivo da editora

DIFERENTES HÁBITOS

> **HÁBITOS:** COSTUMES QUE UM GRUPO DE PESSOAS TEM E PRATICA COM FREQUÊNCIA.

COMO VOCÊ ACABOU DE VER, CADA UM DE NÓS PODE FAZER PARTE DE MUITOS GRUPOS. IMAGINE, ENTÃO, QUANTOS GRUPOS DIFERENTES EXISTEM NO MUNDO TODO!

SEJA AQUI NO BRASIL OU EM QUALQUER OUTRO PAÍS, CADA GRUPO TEM HÁBITOS PRÓPRIOS. ESSES HÁBITOS PODEM SER SEMELHANTES OU MUITO DIFERENTES DE UM GRUPO PARA OUTRO. ALÉM DISSO, OS HÁBITOS DENTRO DO GRUPO PODEM MUDAR COM O TEMPO.

OBSERVE ABAIXO OS HÁBITOS DE ALGUNS GRUPOS.

Hung Chung Chih/Shutterstock

O HÁBITO DE COMER COM PALITINHOS É PRATICADO POR DIFERENTES GRUPOS EM PAÍSES DO MUNDO TODO, ENTRE ELES O JAPÃO E A CHINA.

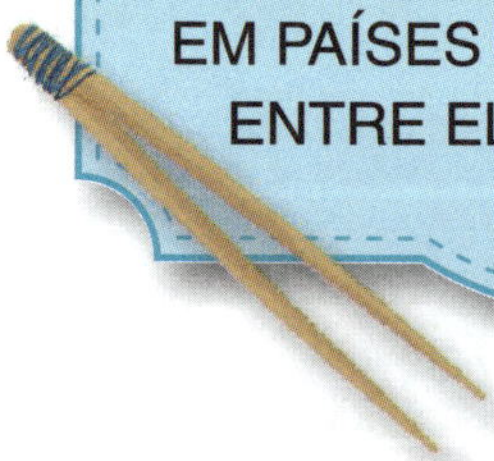

Fabio Colombini/Acervo do fotógrafo

O HÁBITO DE DORMIR EM REDES É COMUM ENTRE OS INDÍGENAS DO BRASIL.

O HÁBITO DE BEBER CHIMARRÃO, UMA BEBIDA PREPARADA COM FOLHAS DE MATE, É COMUM EM ALGUMAS PARTES DO BRASIL, NA ARGENTINA E NO PARAGUAI.

João Prudente/Pulsar Imagens

Ilustrações: Giz de Cera/ Arquivo da editora

karlstury/Shutterstock

O HÁBITO DE MULHERES COBRIREM O CABELO, AS ORELHAS E O PESCOÇO COM UM VÉU É COMUM EM VÁRIOS GRUPOS DE MUITOS PAÍSES, COMO A TURQUIA.

AS CRIANÇAS DO HAVAÍ

AS CRIANÇAS DO HAVAÍ RESPEITAM MUITO AS FORÇAS DA NATUREZA. LÁ, QUASE TODOS OS MENINOS E MENINAS TÊM PRANCHAS E ADORAM IR À PRAIA SURFAR. [...]

OS HAVAIANOS SE DIVERTEM FAZENDO FESTAS NA PRAIA. À NOITE, ELES VESTEM ROUPAS FLORIDAS E CANTAM E DANÇAM SEM PARAR EM UMA FESTA CHAMADA LUAU. DEPOIS, COMEM FRUTAS E SENTAM NA BEIRA DA FOGUEIRA PARA ESCUTAR HISTÓRIAS. [...]

ESSE TEXTO FOI EXTRAÍDO DO LIVRO **UM MUNDO DE CRIANÇAS**, DE ANA BUSCH E CAIO VILELA. SÃO PAULO: PANDA BOOK, 2008. P. 24.

NATUREZA: CONJUNTO DE ELEMENTOS QUE NÃO FORAM FEITOS PELO SER HUMANO, COMO OS MARES, AS MONTANHAS, AS ÁRVORES, OS ANIMAIS, ETC.

ATIVIDADES

1 VOCÊ SABE ONDE FICA O HAVAÍ? CONSULTE UM GLOBO TERRESTRE COM A AJUDA DO PROFESSOR E DESCUBRA A LOCALIZAÇÃO DESSA ILHA.

2 VOCÊ JÁ CONHECIA ALGUNS DOS HÁBITOS MOSTRADOS NESTAS DUAS PÁGINAS? QUAIS?

____

____

____

3 ALÉM DOS INDÍGENAS, NO BRASIL OUTROS GRUPOS TÊM O HÁBITO DE DORMIR EM REDES. E VOCÊ, JÁ DORMIU EM UMA REDE? ONDE?

____

4 VOCÊ CONHECE OUTROS HÁBITOS QUE APRENDEMOS COM OS INDÍGENAS? QUAIS?

ATIVIDADES DO CAPÍTULO

1. AS REGRAS SÃO IMPORTANTES PARA A BOA CONVIVÊNCIA EM GRUPO, POR ISSO DEVEM SER RESPEITADAS. LIGUE AS IMAGENS ÀS REGRAS CORRESPONDENTES. USE UMA COR DIFERENTE PARA CADA SITUAÇÃO.

Ilustrações: Giz de Cera/Arquivo da editora

EM SALA DE AULA, LEVANTAR A MÃO ANTES DE FALAR.

PEDIR EMPRESTADO O BRINQUEDO DO COLEGA.

NO TEATRO OU NO CINEMA, NÃO CONVERSAR DURANTE A APRESENTAÇÃO.

NO TRÂNSITO, ATRAVESSAR SEMPRE NA FAIXA DE PEDESTRE.

2. A FAMÍLIA É, GERALMENTE, UM GRUPO AO QUAL AS PESSOAS PERTENCEM DESDE QUE NASCEM. DESENHE AS PESSOAS DA SUA FAMÍLIA NO ESPAÇO ABAIXO. LEMBRE-SE DE COLOCAR O NOME DE CADA UM DELES.

3. EM CASA, FAÇA UMA PESQUISA E DESCUBRA:

A) QUAIS REGRAS VOCÊ E SEUS FAMILIARES COSTUMAM SEGUIR?

____

____

____

B) QUAIS SÃO OS HÁBITOS DE SUA FAMÍLIA? PROCURE DESCOBRIR SE ELES SÃO DIFERENTES DOS HÁBITOS DE SEUS BISAVÓS.

BISAVÓS: PAIS DOS AVÓS.

____

____

____

CAPÍTULO 3

LADOS DO CORPO E OBSERVAÇÃO DE OBJETOS

LADO DIREITO E LADO ESQUERDO

O CORPO DE TODAS AS PESSOAS TEM O LADO **DIREITO** E O LADO **ESQUERDO**. PODEMOS USAR O CORPO PARA NOS ORIENTAR NOS LUGARES, SEJA EM RELAÇÃO AOS OBJETOS, SEJA EM RELAÇÃO A OUTRAS PESSOAS.

VEJA AS IMAGENS ABAIXO, QUE MOSTRAM UMA MENINA PASSEANDO POR UMA FEIRA DE ARTESANATO.

1

Rogério Reis/Pulsar Imagens

NESTA IMAGEM HÁ UMA LOJA DE REDES DO LADO DIREITO DA MENINA E UMA LOJA DE CHAPÉUS DO LADO ESQUERDO.

2

Rogério Reis/Pulsar Imagens

JÁ NESTA IMAGEM, A LOJA DE CHAPÉUS ESTÁ DO LADO DIREITO DA MENINA E A LOJA DE REDES DO LADO ESQUERDO.

Ilustrações: Giz de Cera/Arquivo da editora

VOCÊ OBSERVOU QUE O QUE ESTAVA À DIREITA DA MENINA NA IMAGEM 1 PASSOU A FICAR À ESQUERDA NA IMAGEM 2? E O QUE ESTAVA À ESQUERDA NA IMAGEM 1 PASSOU A FICAR À DIREITA NA IMAGEM 2?

ATIVIDADES

1 O QUE ACONTECEU NAS IMAGENS DA PÁGINA AO LADO? AS LOJAS MUDARAM DE POSIÇÃO?

2 OBSERVE A CENA ABAIXO E DEPOIS RESPONDA ÀS QUESTÕES.

Giz de Cera/Arquivo da editora

A) O QUE RUI ENXERGA À SUA FRENTE? ______________________

B) QUEM ESTÁ SENTADO LOGO ATRÁS DE PAULA? ______________

C) QUEM ESTÁ SENTADO À DIREITA DE PAULA? ________________

D) E À ESQUERDA DE JOÃO? ______________________________

OBSERVANDO OBJETOS

VOCÊ SABIA QUE, DEPENDENDO DE ONDE VOCÊ ESTÁ, PODE TER VISÕES DIFERENTES DE UM MESMO OBJETO?

CADA UMA DESSAS VISÕES RECEBE UM NOME. OBSERVE:

Ilustrações: Giz de Cera/Arquivo da editora

ATIVIDADES

1 POR QUE O CARRINHO APARECE DE UMA FORMA DIFERENTE EM CADA FOTOGRAFIA TIRADA PELO MENINO?

____

____

2 ASSINALE A FOTOGRAFIA ABAIXO QUE REPRESENTA A VISÃO FRONTAL.

Vvoe/Shutterstock/Glow Images

☐

Seregam/Shutterstock/Glow Images

☐

Sar_38/Shutterstock/Glow Images

☐

3 PINTE CADA UM DOS OBJETOS ABAIXO USANDO A COR INDICADA NA LEGENDA.

LEGENDA

VISÃO FRONTAL   VISÃO VERTICAL   VISÃO OBLÍQUA

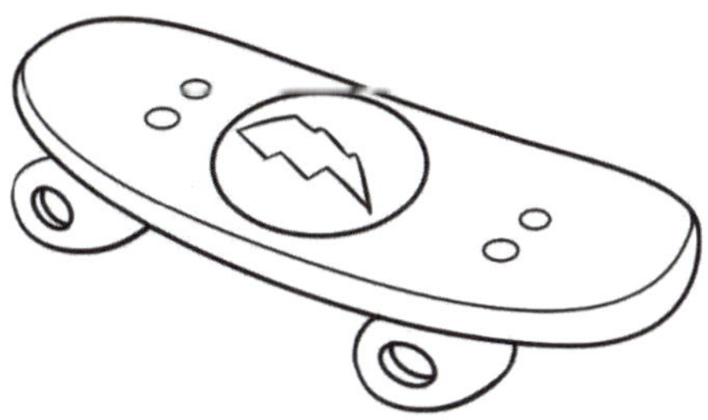

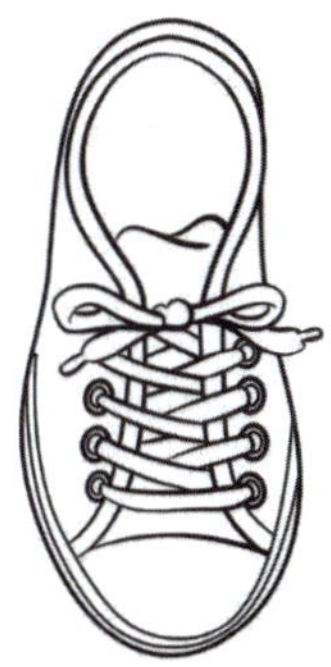

Ilustrações: Ilustra Cartoon/Arquivo da editora

AS IMAGENS NÃO ESTÃO EM TAMANHO PROPORCIONAL ENTRE SI.

ATIVIDADES DO CAPÍTULO

1. VOCÊ ESCREVE COM A MÃO DIREITA OU COM A MÃO ESQUERDA? CONVERSE COM OS COLEGAS DE SALA E DESCUBRA COM QUAL MÃO ELES ESCREVEM.

2. DESCUBRA E CIRCULE QUEM É A FERNANDA. VEJA AS DICAS ABAIXO.
   - A FERNANDA ESTÁ À DIREITA DO MENINO QUE USA ÓCULOS.
   - A FERNANDA ESTÁ À ESQUERDA DO MENINO VESTINDO UMA BERMUDA AZUL.

Ilustrações: Giz de Cera/ Arquivo da editora

3. MARIANA TEM O HÁBITO DE JANTAR TODOS OS DIAS COM OS PAIS E O IRMÃO. OBSERVE A CENA ABAIXO E DEPOIS FAÇA O QUE SE PEDE.

A) QUE PESSOA ESTÁ SENTADA À DIREITA DE MARIANA? ASSINALE COM UM **X**.

☐ A MÃE DELA. ☐ O PAI DELA. ☐ O IRMÃO DELA.

B) ONDE ESTÁ SENTADO O PAI DE MARIANA?

☐ À DIREITA DELA.

☐ À ESQUERDA DELA.

☐ À FRENTE DELA.

C) ONDE O IRMÃO DE MARIANA ESTÁ SENTADO?

☐ À DIREITA DELA.

☐ À ESQUERDA DELA.

☐ EM FRENTE A ELA.

D) E VOCÊ, COM QUEM JANTA TODOS OS DIAS?

Giz de Cera/Arquivo da editora

____

____

E) A ILUSTRAÇÃO ESTÁ REPRESENTADA EM QUAL VISÃO?

☐ FRONTAL ☐ VERTICAL ☐ OBLÍQUA

ENTENDER O ESPAÇO GEOGRÁFICO

REPRESENTANDO O CORPO

1. REÚNA-SE COM UM COLEGA PARA FAZER ESTA ATIVIDADE. VOCÊS VÃO PRECISAR DE LÁPIS DE COR.

A) UM VAI DESENHAR O OUTRO, DE FRENTE. USE O ESPAÇO ABAIXO.

B) DEPOIS ACRESCENTE OS OBJETOS PEDIDOS NO QUADRO.

NO SEU DESENHO, INCLUA OS SEGUINTES OBJETOS:

 NA MÃO DIREITA.

 NA MÃO ESQUERDA.

 NO PÉ DIREITO.

 NO PÉ ESQUERDO.

Ilustrações: Ilustra Cartoon/ Arquivo da editora

- QUEM DESENHOU VAI SER DESENHADO PELO COLEGA, UTILIZANDO AS MESMAS ORIENTAÇÕES.

2. AGORA DIVIDA O DESENHO DO CORPO DO COLEGA COMO NA FIGURA AO LADO. DEPOIS, RESPONDA ÀS QUESTÕES.

A) QUE PARTES DO CORPO DO COLEGA NO DESENHO ESTÃO ACIMA DA LINHA TRACEJADA VERMELHA? E ABAIXO?

____

____

B) O QUE HÁ À DIREITA DA LINHA TRACEJADA AZUL? E À ESQUERDA?

____

____

____

Ilustrações: Ilustra Cartoon/ Arquivo da editora

3. ESTE É LUÍS. ELE PRECISA DE AJUDA PARA SE VESTIR. ESCOLHA, NO **MATERIAL COMPLEMENTAR**, AS ROUPAS PARA LUÍS E COLE-AS NO LUGAR CERTO, DE ACORDO COM A VISÃO QUE VOCÊ TEM DELE.

LER E ENTENDER

O QUE É UM CARTAZ? PARA QUE ELE SERVE?

O CARTAZ A SEGUIR FAZ PARTE DE UMA CAMPANHA PARA O DIA DAS CRIANÇAS. PARA QUE VOCÊ ACHA QUE ELE FOI FEITO?

ACOMPANHE A LEITURA QUE O PROFESSOR FARÁ, OBSERVANDO ATENTAMENTE A IMAGEM.

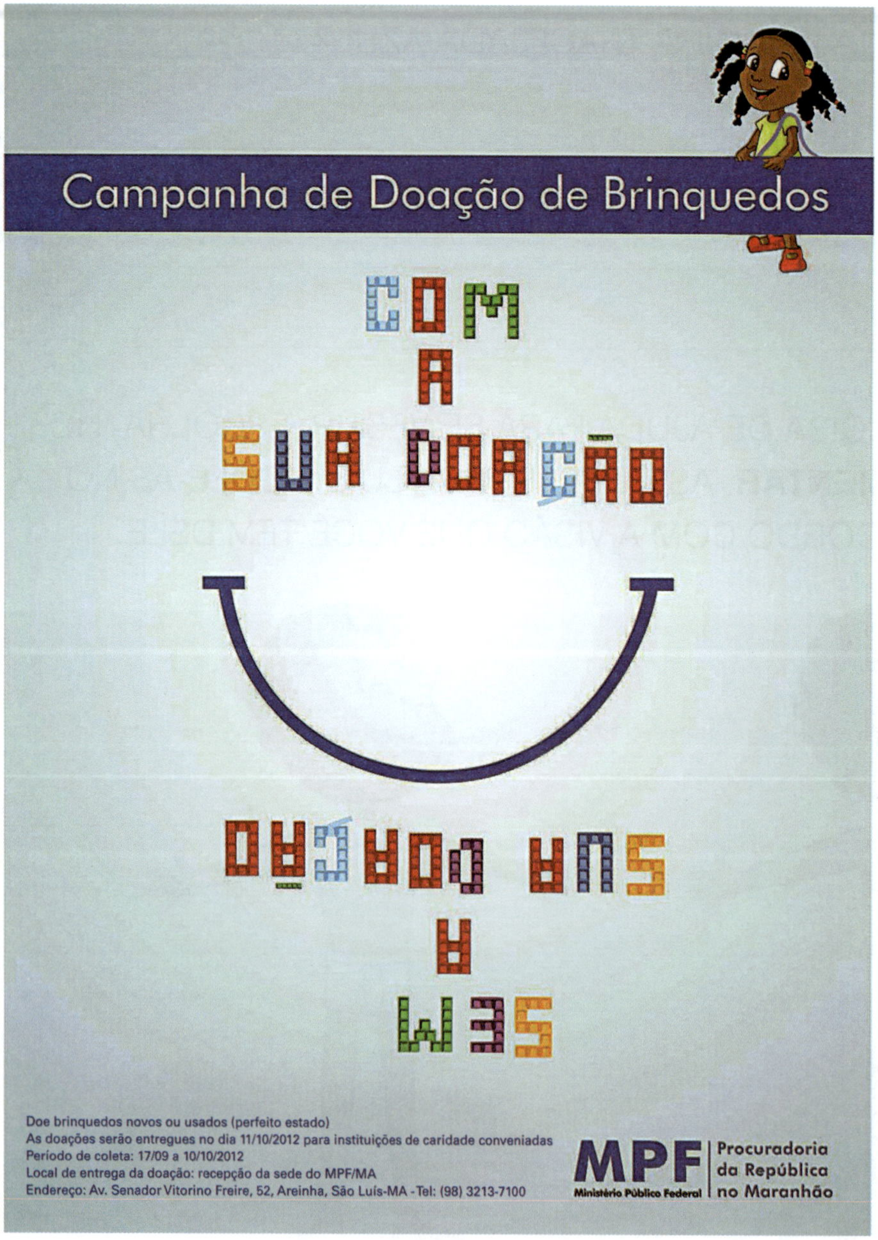

CAMPANHA DE DOAÇÃO DE BRINQUEDOS PARA O DIA DAS CRIANÇAS, LANÇADA EM 2012 PELO MINISTÉRIO PÚBLICO FEDERAL DO MARANHÃO (MPF/MA). DISPONÍVEL EM: <WWW.PRIMA.MPF.MPF.MP.BR/NOTICIA-4376>. ACESSO EM: 2 OUT. 2015.

ANALISE

1. ANTES DA LEITURA DO CARTAZ, VOCÊ RESPONDEU PARA QUE ELE HAVIA SIDO FEITO. E AGORA, SUA RESPOSTA MUDOU? POR QUÊ?

2. ESSE CARTAZ FAZ PARTE DE UMA CAMPANHA PARA AJUDAR OUTRAS CRIANÇAS. SOBRE ISSO, RESPONDA:

   A) O QUE A CAMPANHA PRETENDE ARRECADAR?

   B) O QUE FOR ARRECADADO SERÁ DOADO A QUALQUER CRIANÇA? POR QUÊ?

3. O QUE SIGNIFICA O SÍMBOLO  QUE APARECE NO CARTAZ?

4. AO VIRAR O CARTAZ, O SÍMBOLO  MUDA DE SIGNIFICADO? EXPLIQUE SUA RESPOSTA.

RELACIONE

5. ESSE CARTAZ REPRESENTA QUAL DOS DIREITOS DA CRIANÇA?

   ☐ ALIMENTAÇÃO ☐ LAZER ☐ MORADIA

6. VOCÊ JÁ PARTICIPOU DE ALGUMA CAMPANHA DE DOAÇÃO DE BRINQUEDOS? VOCÊ ACHA IMPORTANTE PARTICIPAR?

O QUE APRENDI?

AGORA É HORA DE RETOMAR O QUE FOI VISTO NESTA UNIDADE.

Pressmaster/Shutterstock; Zzvet/Shutterstock; Ami Parikh/Shutterstock; Stuart Monk/Shutterstock; Len44ik/Shutterstock; DiversityStudio/Shutterstock; Van Thanh Chuong/Shutterstock

1. RELEIA AO LADO A ÚLTIMA ESTROFE DA LETRA DA CANÇÃO DA PÁGINA 12.

> TODO MUNDO É DIFERENTE
> SENDO IGUAL,
> TODO MUNDO É IGUAL
> SENDO DIFERENTE.

ESTROFE: CONJUNTO DE VERSOS.

- QUAL O SIGNIFICADO DELA? UTILIZE A IMAGEM DA ABERTURA DA UNIDADE PARA AJUDAR NA SUA RESPOSTA.

____

____

2. SERÁ QUE AS CRIANÇAS DA IMAGEM TÊM OS MESMOS DIREITOS E DEVERES QUE VOCÊ? CONVERSE COM OS COLEGAS E O PROFESSOR.

3. IMAGINE DE QUAIS GRUPOS CADA UMA DAS CRIANÇAS DA IMAGEM PODE FAZER PARTE. FAÇA ABAIXO UMA LISTA COM AS POSSIBILIDADES.

4. ESCOLHA UM MATERIAL DE SEU ESTOJO E FAÇA UM DESENHO DELE A PARTIR DAS VISÕES INDICADAS EM CADA QUADRO:

VISÃO FRONTAL

VISÃO VERTICAL

VISÃO OBLÍQUA

- O QUE MUDA DE UMA VISÃO PARA OUTRA? POR QUÊ?

Ilustrações: Giz de Cera/Arquivo da editora

UNIDADE 2

A MORADIA

Henry Vitor/Acervo do artista

- O que você observa nesta imagem?
- Como são as moradias que aparecem na imagem?
- O lugar onde você mora é parecido com este? Por quê?

Pequenas estórias, pintura de Henry Vitor, feita em 2005. Óleo sobre tela, 60 cm × 80 cm.

CAPÍTULO 4

AS DIFERENTES MORADIAS

COMO SÃO AS MORADIAS POR FORA

Existem muitas diferenças entre as crianças, mas todas elas têm em comum o direito a moradia, estabelecido pela Declaração Universal dos Direitos da Criança. Você se lembra desse documento?

A casa é o lugar onde moramos com nossos familiares. Ela nos protege do frio, do calor, da chuva, do vento e de perigos. É em casa também que nós descansamos, brincamos, nos alimentamos e fazemos nossa higiene.

familiares: pessoas que fazem parte da família, como o pai, a mãe e os irmãos.

As casas podem ser construídas de muitas formas, de acordo com o modo de vida das pessoas, o tipo de ambiente e o material disponível. Veja nas fotografias algumas casas de diferentes lugares.

Renato Soares/Pulsar Imagens

Esse tipo de moradia é construído com madeira e palha. Ela é a casa de várias famílias do povo indígena Yawalapiti, que vive no Brasil, no estado de Mato Grosso. Fotografia de 2013.

Jaroslav Moravcik/Shutterstock

Esse tipo de moradia fica em um lugar muito frio. Ela é feita de madeira. A madeira ajuda a manter o ambiente mais quente nos dias frios e mais fresco nos dias de calor. O telhado é bem inclinado para a neve escorregar. Na fotografia de 2015, casa na Eslováquia.

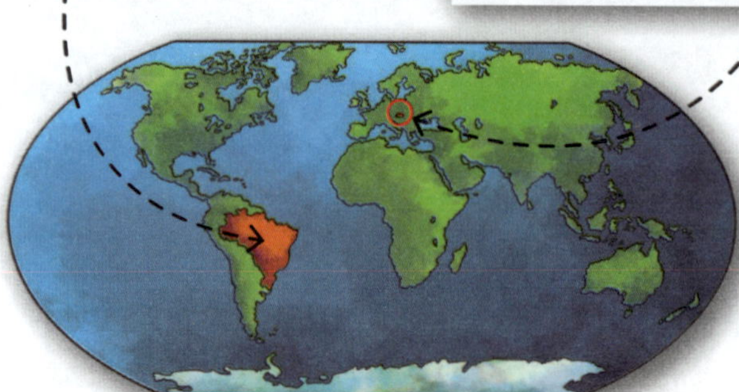

Ilustra Cartoon/Arquivo da editora

Jeremy Richards/Shutterstock

Esse tipo de moradia fica na beira de rios. Ela é construída com madeira, sobre estacas, para ficar protegida das inundações. Ela é chamada de **palafita**. Na fotografia de 2015, casa no Chile.

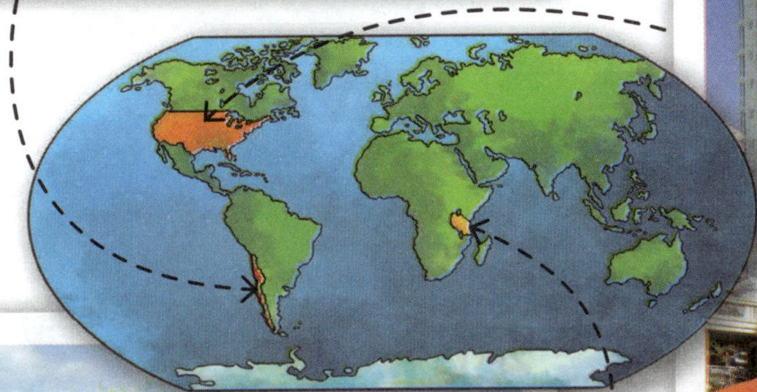

Felix Mizioznikov/Shutterstock

Os prédios de apartamentos são comuns nas grandes cidades. Eles são também chamados de edifício. Em um só prédio podem morar muitas famílias, mas cada uma delas em um apartamento diferente. Eles são construídos com muitos tipos de material, como blocos, concreto e ferro. Na fotografia de 2013, prédio nos Estados Unidos.

Aleksandar Todorovic/Shutterstock

Esse tipo de moradia é feito de troncos e galhos de madeira e barro. No Brasil é conhecida como casa de pau a pique. Na fotografia de 2014, casa na Tanzânia.

concreto: massa feita de cimento, areia e água, geralmente de cor cinza, capaz de unir materiais, como os tijolos.

ATIVIDADES

1. Qual das moradias mais chamou a sua atenção? Por quê?
2. Sua casa se parece com alguma delas? Qual? Por quê?
3. Quantas pessoas moram com você em sua casa? Quem são elas?

____

____

COMO SÃO AS MORADIAS POR DENTRO

As semelhanças e as diferenças entre uma casa e outra podem ser observadas tanto do lado de fora quanto do lado de dentro.

Observe os exemplos abaixo.

Ilustrações: Ilustra Cartoon/Arquivo da editora

Diego Herculano/Fotoarena

Essa casa fica em Garanhuns, no estado de Pernambuco (Brasil). Fotografia de 2015.

G. Evangelista/Opção Brasil

Essa casa fica no Rio de Janeiro, estado do Rio de Janeiro (Brasil). Fotografia de 2014.

- Quais as semelhanças entre as casas? E as diferenças?

ATIVIDADES

1 A sala, o quarto, a cozinha e o banheiro são alguns dos **cômodos** de uma casa. Faça no caderno uma lista com os cômodos de sua casa. Escreva o que você costuma fazer em cada um deles.

2 Conheça na ilustração abaixo alguns profissionais que trabalham na construção de uma casa. Escreva o nome de cada um deles utilizando as palavras do quadro.

pintor	eletricista	engenheiro	pedreiro	encanador

p_ _ _ _ _ _

p_ _ _ _ _ _ _ _ _ _

e_ _ _ _ _ _ _ _ _ _ _ _ _ _ _

e_ _

e_ _ _ _ _ _ _ _ _ _ _ _ _ _ _ _

- Converse com os colegas e o professor sobre o trabalho de cada um desses profissionais.

LEITURA DE IMAGEM

OBSERVANDO O INTERIOR DAS MORADIAS

Você sabia que a cultura indígena teve grande influência na formação da população não indígena no Brasil? O hábito de dormir em redes, como você já viu, é um exemplo dessa influência.

OBSERVE

1

Edson Sato/Pulsar Imagens

Interior de moradia indígena, em Barcelos, no estado do Amazonas (Brasil), em 2012.

2

Antoine Olivier/Acervo do fotógrafo

Interior de moradia em Abaetetuba, no estado do Pará (Brasil), em 2010.

1. Converse com os colegas sobre o que é possível observar nas imagens: como são as paredes, o chão, os móveis e como as pessoas estão.

2. Que materiais foram utilizados na construção dessas casas?

____

____

ANALISE

3. Quais as semelhanças entre as casas mostradas nas fotografias? E as diferenças?

4. Observando as características dessas casas você diria que elas estão em lugares em que costuma fazer calor ou frio? Por quê?

____

____

RELACIONE

5. O interior dessas casas é semelhante ao interior de sua casa? Por quê?

____

____

____

6. Em sua opinião, todo mundo precisa morar do mesmo jeito? Só é possível haver conforto em uma casa com vários cômodos e camas?

ATIVIDADES DO CAPÍTULO

1. Do que esta casa é feita?

Cole nos lugares indicados os adesivos do **Material Complementar**. Depois, assinale apenas os materiais utilizados na construção da casa da fotografia.

Rafal Olechowski/Shutterstock

Ilustra Cartoon/Arquivo da editora

- E a sua casa, do que ela é feita?

2. Observe a fotografia abaixo e responda às questões.

Fabio Braga/Folhapress

Cidade de São Paulo, estado de São Paulo (Brasil), em 2013.

a) Onde as pessoas da imagem estão morando?

____

b) Você já viu pessoas na mesma situação? Quais dificuldades você acha que elas passam?

____

____

c) Você acha que todas as pessoas precisam de moradia? Por quê?

____

____

d) Você conhece ou já ouviu falar de algum trabalho voluntário para ajudar aqueles que vivem nessa situação? Converse com o professor e os colegas.

trabalho voluntário: trabalho que algumas pessoas fazem, sem receber salário, para outra pessoa ou grupo de pessoas.

CAPÍTULO

5 ONDE MORAR

NO CAMPO OU NA CIDADE

As moradias podem estar no campo ou na cidade. Você sabe quais são as diferenças entre morar no campo e na cidade? Observe a ilustração e conheça onde moram Beatriz e Rafael.

Assim como você, Beatriz e Rafael também vão à escola, brincam com os colegas e realizam muitas outras atividades.

A casa de Beatriz fica em um sítio, onde seus pais criam galinhas e plantam verduras para vender. As ruas e estradas próximas são de terra e têm pouco movimento de veículos. Algumas pessoas se locomovem a cavalo. Seus vizinhos também moram em sítios. Beatriz mora no **campo**.

Rafael mora no prédio mais alto do quarteirão. As ruas próximas são asfaltadas e têm muito movimento de carros e ônibus. Ele mora com sua mãe, que trabalha em um escritório. Rafael tem muitos vizinhos morando no mesmo prédio que ele. Rafael mora na **cidade**.

ATIVIDADES

1 Quais as diferenças entre os lugares em que moram Beatriz e Rafael?

2 Complete os textos a seguir com uma das opções abaixo.

No campo | Na cidade

a) ____________ as moradias estão distantes umas das outras.

b) ____________ as moradias estão próximas umas das outras.

A CASA E SEUS ARREDORES

Rafael e Beatriz são primos e costumam conversar sobre os lugares onde moram. Observe o prédio em que Rafael mora.

Ilustrações: Ilustra Cartoon/Arquivo da editora

Para explicar a Beatriz onde fica o prédio onde mora, Rafael fez o desenho ao lado. Observe que, para representar os prédios, as casas, a rua e as árvores, Rafael imaginou a visão que teria dos elementos olhando de cima. Ele desenhou a forma aproximada de cada um deles.

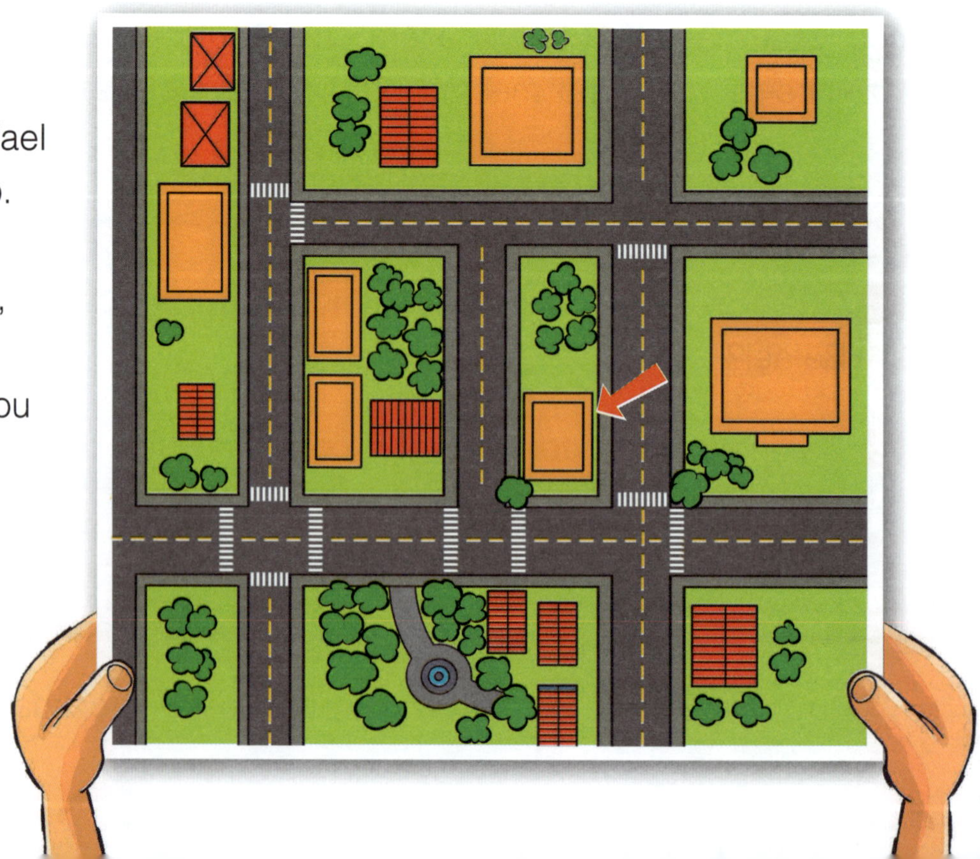

ATIVIDADES

1 Para mostrar a Beatriz os arredores de onde mora, Rafael fez o desenho como se estivesse olhando de cima para baixo. Que tipo de visão ele usou?

☐ Visão frontal ☐ Visão oblíqua ☐ Visão vertical

2 Beatriz recebeu o desenho de Rafael, mas não entendeu o que significavam as figuras que ele desenhou. Rafael então explicou para Beatriz, fazendo uma **legenda**. Ajude Rafael e complete a legenda, informando o que cada figura representa.

Legenda

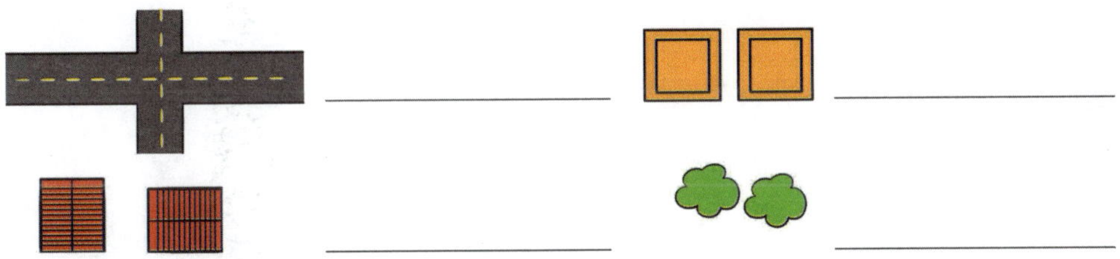

Ilustra Cartoon/Arquivo da editora

3 Beatriz também fez um desenho na visão vertical, mostrando o sítio onde mora e seus arredores. Imagine como poderia ser esse desenho e faça-o no espaço ao lado. Lembre-se de fazer uma legenda para seu desenho.

Legenda

ATIVIDADES DO CAPÍTULO

1. Observe atentamente as fotografias abaixo.

1

Delfim Martins/Pulsar Imagens

Teresina, estado do Piauí (Brasil), em 2015.

2

Cesar Diniz/Pulsar Imagens

Iporã do Oeste, estado de Santa Catarina (Brasil), em 2015.

a) Quais as semelhanças e as diferenças entre as imagens? Converse com os colegas e o professor.

b) Qual delas retrata o campo e qual retrata a cidade? Por quê?

____

____

____

c) Por que as construções no campo são mais distantes umas das outras e na cidade são mais próximas?

d) Onde você acha que há mais pessoas morando?

☐ Campo ☐ Cidade

2. Sua casa fica no campo ou na cidade? Liste alguns elementos que você observa no lugar onde mora que justifiquem a sua resposta.

___

___

___

3. Pinte os desenhos abaixo. Identifique cada um como campo ou cidade.

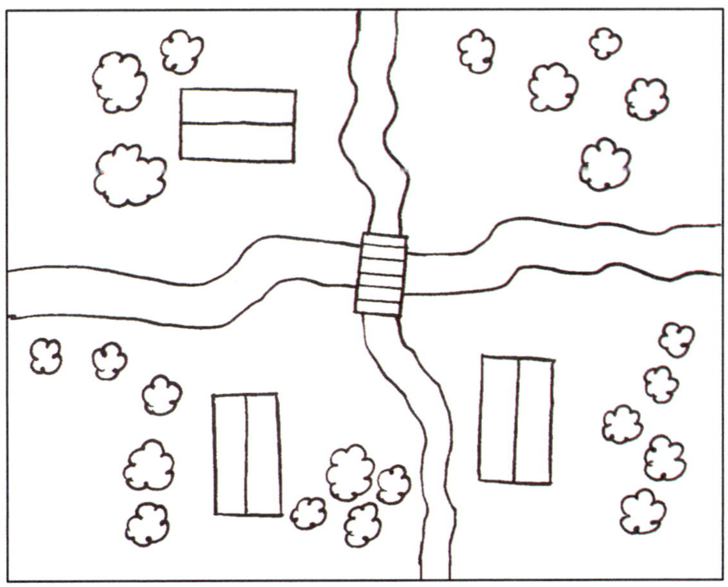

Ilustrações: Adilson Farias/Arquivo da editora

CAPÍTULO 6

A ÁGUA E O LIXO NAS MORADIAS

A ÁGUA

A água é um recurso da natureza muito importante para o nosso dia a dia. Nas moradias, ela é utilizada em muitas atividades. Você sabe como ela chega às torneiras da sua casa? Observe a ilustração.

recurso da natureza: elemento da natureza que é usado pelo ser humano em várias atividades.

Ilustra Cartoon/Arquivo da editora

- Converse com os colegas e o professor sobre os caminhos que a água percorre na casa acima.

A água que podemos usar é um recurso que pode acabar. Por isso precisamos usá-la sem desperdiçar.

Você sabe como é possível não desperdiçar água na sua casa? Veja os exemplos abaixo.

Ana Druzian/Fotoarena

Tomar banhos rápidos. Desligar o chuveiro enquanto se ensaboa.

Singkham/Shutterstock

Quando lavar a louça, não deixar a torneira aberta o tempo todo.

Dusan Zidarl/Shutterstock

Não usar mangueira para regar as plantas. Usar um regador.

ATIVIDADES

1 Nas atividades da ilustração da página ao lado os personagens estão utilizando água. Quais são essas atividades?

____

____

____

2 Pinte o desenho em que a água está sendo utilizada sem desperdício.

Ilustrações: Ilustra Cartoon/Arquivo da editora

O LIXO

Todos os dias produzimos lixo em nossa casa. Você já prestou atenção em tudo o que é jogado fora em sua casa?

Ilustrações: Ilustra Cartoon/Arquivo da editora

Quase tudo que compramos vem embalado em caixas de papelão, sacos plásticos, latas ou potes de vidro. Depois que usamos os produtos, as embalagens geralmente ficam sem uso e são jogadas fora.

Também jogamos fora restos de alimentos, como cascas de frutas e legumes. Esse lixo é chamado **orgânico**.

Ninell/Shutterstock

zcw/Shutterstock

Coprid/Shutterstock

Mas será que tudo que jogamos fora não tem utilidade? Veja o que Ana descobriu:

As garrafas e potes de vidro podem virar outros objetos de vidro.

Papéis usados podem virar papel novo para escrever e desenhar.

As garrafas de plástico podem virar outras embalagens plásticas.

As latas de metal podem virar novas latas.

Ilustrações: Ilustra Cartoon/Arquivo da editora

Ana descobriu que alguns objetos podem ser reciclados.

Para que isso aconteça eles devem ser separados. Em muitos lugares existem lixeiras para a **coleta seletiva**. Cada lixeira é de uma cor, de acordo com o material que pode ser depositado nela.

reciclados: transformados em novos objetos.

ATIVIDADE

- Pinte as lixeiras para coleta seletiva de acordo com a cor indicada na legenda.

Legenda

Metal | Vidro | Plástico | Não reciclável | Papel

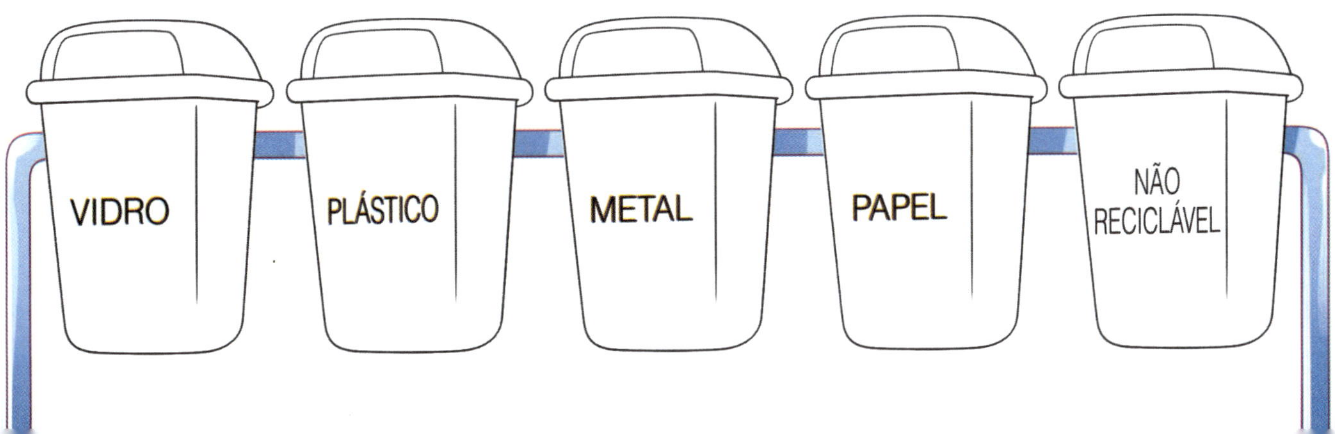

Ilustra Cartoon/Arquivo da editora

ATIVIDADES DO CAPÍTULO

1. Observe as ilustrações. Nelas é possível observar uma forma de aproveitamento da água. Depois converse com o professor e os colegas e responda às questões.

Ilustra Cartoon/Arquivo da editora

a) De onde veio a água que foi guardada na cisterna?

____

b) Quais são as diferenças entre a cisterna e a caixa-d'água, mostrada na ilustração da página 52? E as semelhanças?

c) Você já viu uma cisterna? Onde?

2. Onde há cesto de lixo em sua casa? Assinale abaixo. Depois escreva o que você e sua família jogam em cada um.

☐ Quarto ______________________________

☐ Banheiro ______________________________

☐ Cozinha ______________________________

☐ Sala ______________________________

3. Você aprendeu que na coleta seletiva o lixo deve ser separado de acordo com o material de que é feito. Ligue cada material ao tipo de lixeira em que deve ser depositado.

AS IMAGENS NÃO ESTÃO EM TAMANHO PROPORCIONAL ENTRE SI.

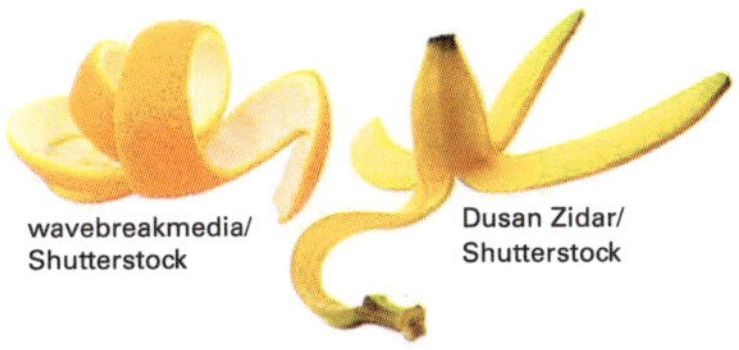

wavebreakmedia/Shutterstock

Dusan Zidar/Shutterstock

Não reciclável

Roman Sigaev/Shutterstock

Vidro

Yeko Photo Studio/Shutterstock

Papel

photka/Shutterstock

Metal

Atiketta Sangasaeng/Shutterstock

Plástico

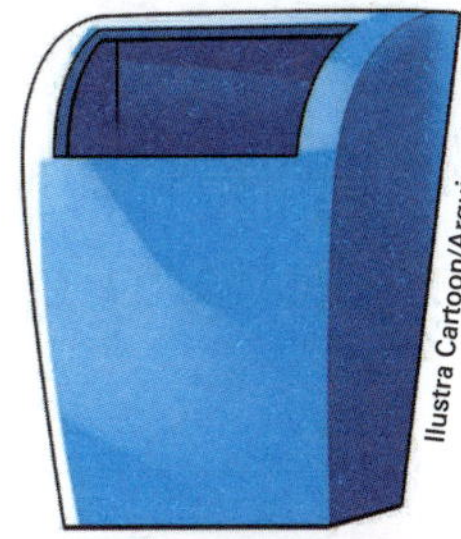

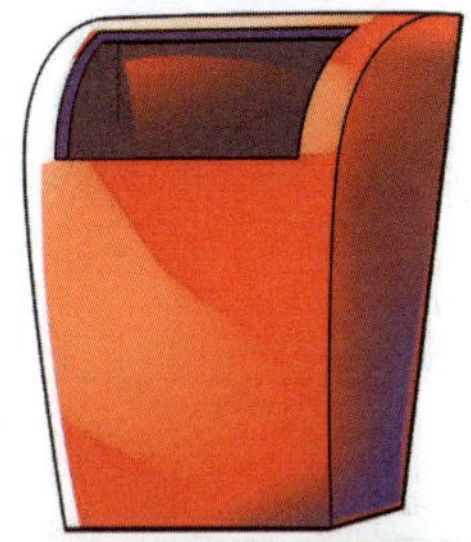

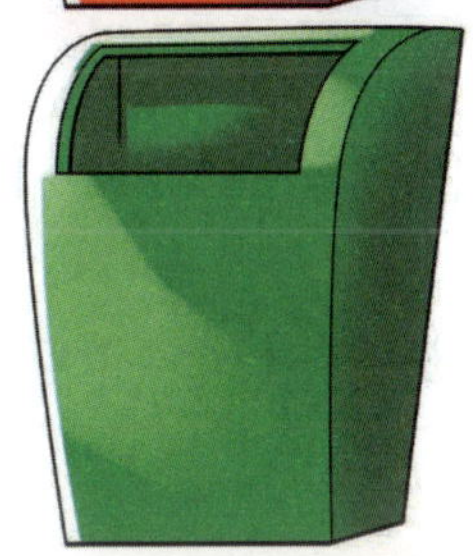

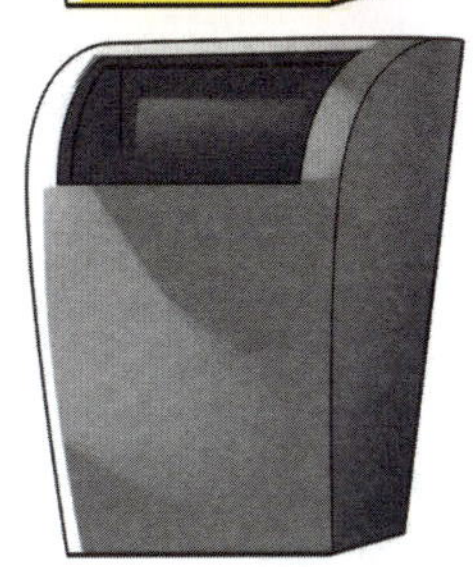

Ilustra Cartoon/Arquivo da editora

4. Você e seus familiares separam o lixo em sua casa? Por quê?

ENTENDER O ESPAÇO GEOGRÁFICO

REPRESENTANDO A MORADIA

Jonas e Meg são irmãos e moram com os pais na casa abaixo. Bob é o cachorro da família.

1. Observe como é a casa deles por dentro. Você consegue identificar cada cômodo? Complete os espaços indicados com o nome de cada cômodo.

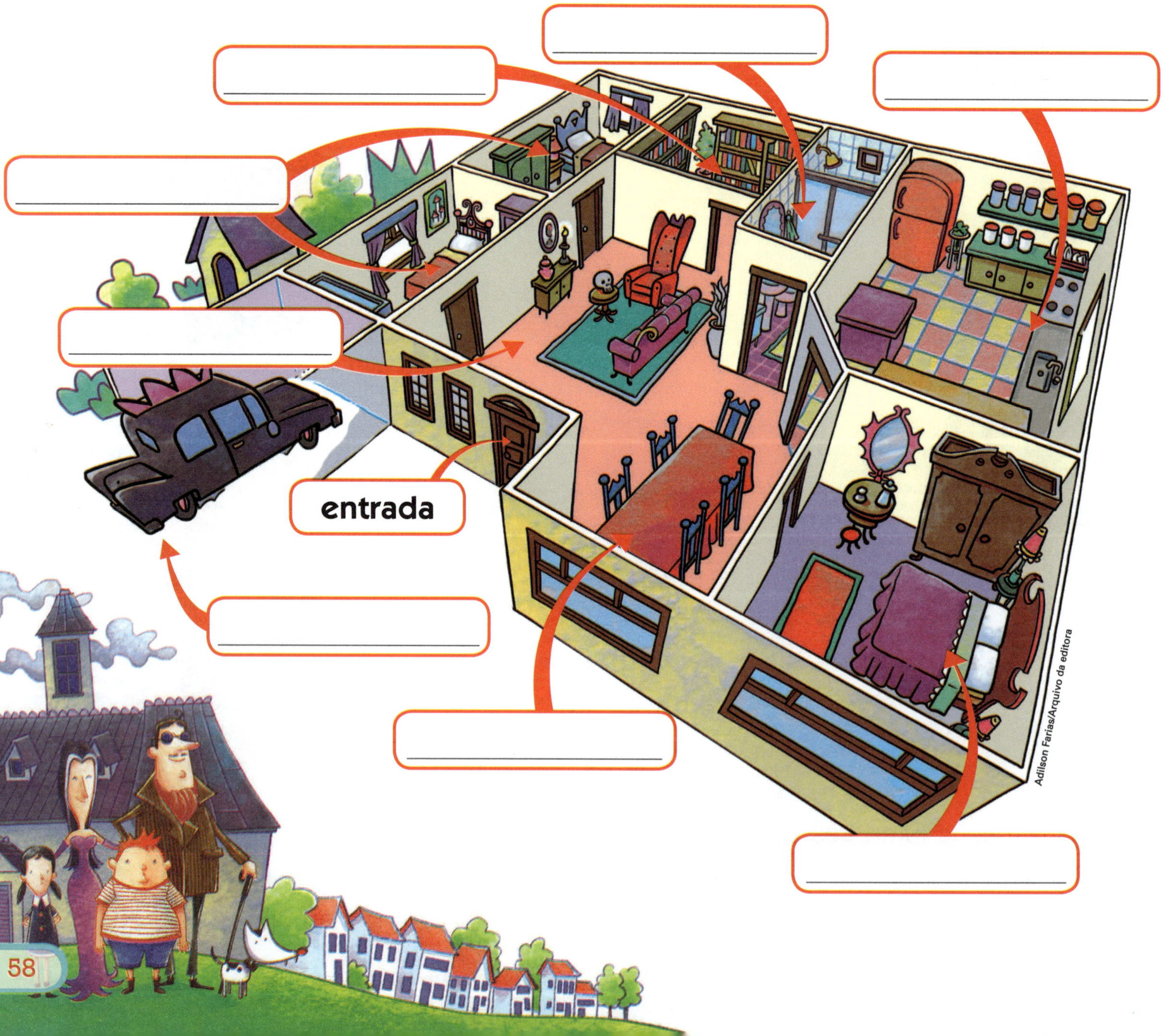

2. Imagine que você está entrando na casa de Jonas e Meg.

a) De qual lado está o quarto dos pais deles?

☐ Direito ☐ Esquerdo

b) De qual lado estão os quartos das crianças?

☐ Direito ☐ Esquerdo

3. Você sabia que existe outra forma de indicar a localização dos cômodos na casa de Jonas e Meg? Você pode usar letras e números. Veja como isso é possível na imagem abaixo, que mostra a casa deles na visão vertical.

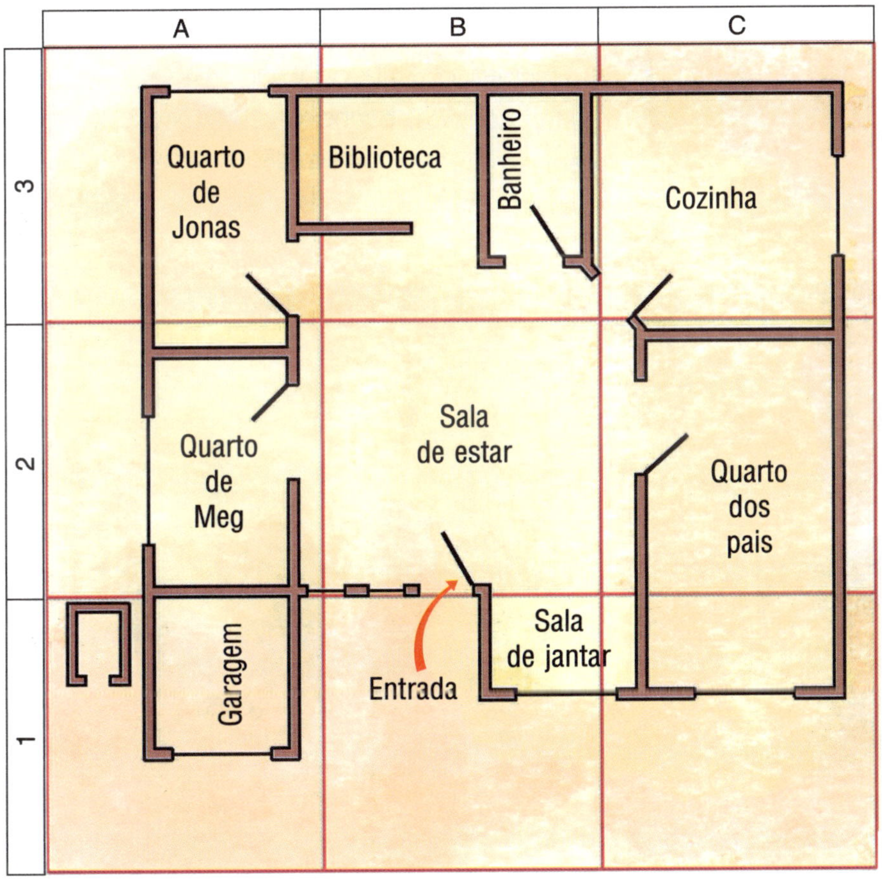

Ilustrações: Adilson Farias/Arquivo da editora

- Agora complete com a localização dos cômodos:

a) quarto de Meg: ______

b) quarto de Jonas: ______

c) cozinha: ______

d) banheiro: ______

LER E ENTENDER

Os textos a seguir, conhecidos como classificados, são utilizados por pessoas que querem anunciar objetos ou serviços. Olhando apenas as imagens, você consegue imaginar o que está sendo anunciado?

Acompanhe a leitura que o professor fará e, depois, confira sua resposta.

Vende-se

Sítio com casa térrea, de 2 dormitórios, sala, cozinha, banheiro e área de serviço. Terreno grande de 10 000 m², com pomar e rio de água limpa.

Estrada das Laranjeiras, km 250. Bairro Sertãozinho. Cidade de São Pedro.

Contato: (19) 1253-0000.

Luciano Queiroz/Shutterstock

Vende-se

Amplo apartamento de 3 dormitórios, sala de estar, sala de jantar, cozinha, banheiro e uma vaga na garagem. Ótima localização e pronto para morar.

Rua Dr. Antônio de Almeida, nº 45, apartamento 62. Bairro Celeste. Cidade de São Bernardo.

Contato: (15) 1758-9999.

TZIDO SUN/Shutterstock

- Circule as palavras dos textos acima que você não conhece. Depois converse com o professor sobre o significado delas.

ANALISE

1. Depois da leitura, o que você imaginou que esses classificados estavam anunciando se confirmou? Comente sua resposta.

2. Para apresentar as moradias, os textos descrevem os cômodos de cada casa. Quais são eles?

3. Para chamar a atenção das pessoas, os textos destacam as qualidades de cada lugar. Quais são elas?

4. Apenas observando as fotografias de cada anúncio, você saberia como são as moradias?

RELACIONE

5. Essas moradias foram construídas no campo ou na cidade?

6. Apenas com a leitura do texto, seria possível saber isso? Como?

7. Se você e sua família estivessem procurando um lugar para morar, vocês ligariam para as pessoas que anunciaram esses imóveis? Por quê?

O QUE APRENDI?

Agora é hora de retomar o que foi visto nesta Unidade. Vamos lá!

Henry Vitor/Acervo do artista

1. Quais são as semelhanças entre a imagem de abertura da Unidade e os arredores da moradia de Beatriz, menina que você conheceu no Capítulo 5?

____

____

____

____

2. A imagem da abertura da Unidade representa:

☐ o campo. ☐ a cidade.

3. Assinale abaixo quais materiais **não** foram usados na construção das moradias que aparecem na imagem.

☐ Telha ☐ Palha ☐ Madeira ☐ Papelão

4. Como você gostaria que fosse sua casa se vivesse em um lugar muito frio? Solte a sua imaginação e faça um desenho no espaço abaixo.

5. Você aprendeu que devemos utilizar a água sem desperdiçar. Em qual das ilustrações abaixo a água está sendo utilizada sem desperdício?

Ilustrações: Ilustra Cartoon/Arquivo da editora

6. Como a reciclagem pode diminuir a quantidade de lixo?

Jamil Ahmed/Landov/Other Images

UNIDADE

3 A ESCOLA

- Onde as crianças da fotografia estão? O que elas estão fazendo?
- O que mais chamou a sua atenção nesta imagem?
- A sala de aula em que você estuda é parecida com esta? Por quê?

Professora e alunos em sala de aula em Lahore, no Paquistão. Fotografia de 2015.

Jamil Ahmed/Landov/Other Images

7 ESCOLA PARA TODOS

CAPÍTULO

TODA CRIANÇA TEM DIREITO A EDUCAÇÃO

Todas as crianças têm o direito de ir à escola e estudar. Esse direito faz parte da Declaração Universal dos Direitos da Criança. Você se lembra dela?

No Brasil, os princípios dessa declaração foram usados para elaborar o Estatuto da Criança e do Adolescente. Você já ouviu falar desse documento? Leia a história em quadrinhos a seguir:

História em quadrinhos do gibi **A Turma da Mônica em: O Estatuto da Criança e do Adolescente**, de Mauricio de Sousa. São Paulo: Mauricio de Sousa Editora. Disponível em: <www.unicef.org/brazil/pt/monica_estatuto.pdf>. Acesso em: 6 out. 2015.

ATIVIDADES

1 De acordo com a história em quadrinhos, responda às questões.

a) Por que o Cebolinha é criança e o Zé Luís é adolescente?

____

____

b) Para o Franjinha, por que é importante estudar?

____

____

2 E você, o que quer ser quando crescer? Converse com o professor e os colegas.

ESCOLAS AO REDOR DO MUNDO

Existem escolas no mundo todo. Como será que elas são? Conheça algumas escolas em diferentes países.

imagebroker/Keystone

Escola indígena no Brasil (estado de Mato Grosso), em 2013.

Ilustrações: AllAnd/Shutterstock

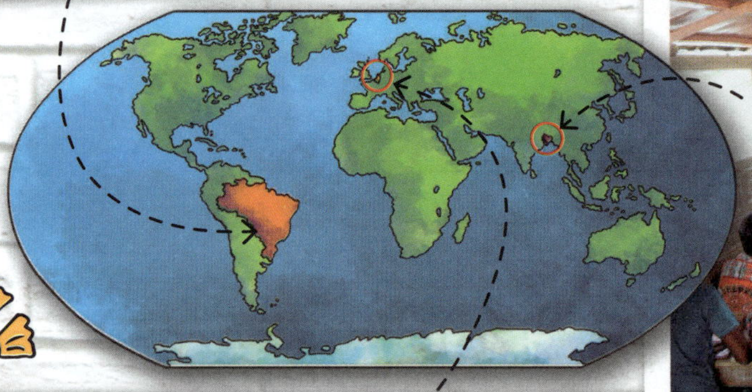

Allison Joyce/Getty Images

Escola flutuante em Bangladesh, em 2014.

Julian Germain/Acervo do fotógrafo

Escola nos Países Baixos, em 2012.

Planisférios: Ilustra Cartoon/
Arquivo da editora

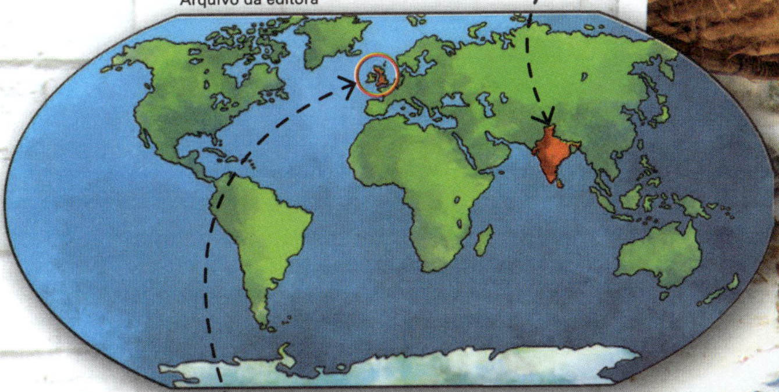

Jonas Gratzer/Getty Images

Escola na Índia, em 2014.

Edmund Sumner/View Pictures/AGB Photo

Escola no Reino Unido, em 2013.

ATIVIDADES

1 Que parte da escola aparece nas imagens?

☐ Pátio ☐ Cantina ☐ Sala de aula

2 Quais são as semelhanças entre as imagens? E as diferenças?

3 A sala de aula em que você estuda é semelhante a alguma delas?

A CONVIVÊNCIA NA ESCOLA

Na escola convivemos com muitas crianças e adultos, entre eles os professores e outros funcionários. Para a boa convivência na escola, precisamos respeitar a todos. Um bom começo é usar as palavras mágicas do poema abaixo. Leia-o com atenção.

Palavras mágicas

Se você quer ser feliz
e amizades conquistar,
quatro palavrinhas mágicas
vou agora revelar.

Não é nem "Abre-te Sézamo"
e nem é "Sin-sa-la-bin"!
Nenhuma é "Abracadabra",
minha mãe disse pra mim:

Guarde as quatro palavrinhas,
tenha as quatro sempre à mão,
para usar a toda hora,
em qualquer ocasião. [...]

Diga sempre a sorrir,
pra não ser mal-educado:
com licença, me desculpe,
por favor e obrigado! [...]

Trecho do poema **Palavras mágicas**, de Pedro Bandeira. Biblioteca Pedro Bandeira. Disponível em: <www.bibliotecapedrobandeira.com.br/pdf/palavras_magicas.pdf>. Acesso em: 6 out. 2015.

ATIVIDADES

1 Circule no poema as quatro "palavras mágicas".

2 Além da escola, onde mais devemos usar as "palavras mágicas"?

3 Na escola você aprende a ler, escrever, somar e contar. O que mais você aprende na escola?

____

____

____

4 Assinale as atitudes importantes para a boa convivência na escola.

- [ ] Chegar à escola no horário.
- [ ] Jogar o lixo no chão.
- [ ] Assistir às aulas com atenção.
- [ ] Conversar com o colega enquanto o professor fala.
- [ ] Dizer "por favor" e "obrigado" quando necessário.

5 Em sua opinião, por que é importante respeitar as regras da escola?

Giz de Cera estúdio/Arquivo da editora

LEITURA DE IMAGEM

CUIDANDO DA ESCOLA

Na escola, além de respeitar os colegas, os professores e os outros funcionários, também é muito importante cuidar do material escolar e dos espaços que são usados por todos, como a sala de aula. Você sabe por que isso é importante?

OBSERVE

1

Shannon Fagan/Image Source/Folhapress

1. O que a pessoa da fotografia acima está segurando?
2. Onde ela está escrevendo?
3. Se a imagem mostrasse toda a sala de aula, você acha que prestaria a mesma atenção no detalhe da pessoa escrevendo na carteira escolar? Por quê?

Agora observe esta outra imagem.

4. A fotografia ao lado representa um espaço interno ou externo da escola? Qual é ele?

Ricardo Ribas/Tyba

5. Em sua opinião, esse espaço está arrumado ou bagunçado?

6. O que você observou para responder à questão anterior?

ANALISE

7. Qual material escolar aparece nas duas imagens?

____

8. Qual das duas imagens mostra esse material escolar bem cuidado?

☐ Imagem 1 ☐ Imagem 2

9. Escrever na carteira é uma atitude correta? Por quê?

RELACIONE

10. Faça, com um colega, uma avaliação da sala de aula em que você estuda. Observe o material escolar, a pintura das paredes e das janelas e a limpeza do chão, por exemplo.

a) A sala de aula em que vocês estudam é limpa e organizada?

b) Se a sala de aula não é limpa e organizada, o que você e os colegas poderiam fazer para mudar isso?

ATIVIDADES DO CAPÍTULO

1. Circule na cena abaixo as cinco atitudes erradas.

Ilustra Cartoon/Arquivo da editora

a) Faça uma lista das atitudes erradas que você circulou.

____

____

____

____

____

b) O que você diria para as crianças da cena para ajudá-las a corrigir suas atitudes erradas?

2. Você conhece as regras da escola em que estuda? Preencha a ficha abaixo com a ajuda do professor.

style-photography/Shutterstock

Nome da escola: ______________________________

Hora de entrada: ______________________________

Existe sinal para avisar a hora de entrada?

☐ Sim ☐ Não

Hora de saída: ______________________________

Existe sinal para avisar a hora de saída?

☐ Sim ☐ Não

Hora de início do recreio: ______________________

O que é permitido fazer no recreio?

☐ Jogar bola ☐ Ler

☐ Sair da escola ☐ Tomar lanche

É obrigatório usar uniforme na escola?

☐ Sim ☐ Não

É permitido entrar na sala de aula depois que a aula começou?

☐ Sim ☐ Não

CAPÍTULO 8

A ESCOLA E SEUS PROFISSIONAIS

ÁREAS EXTERNAS E INTERNAS

Cada escola é de um jeito. Algumas são grandes e têm muitos alunos, outras são pequenas e têm poucos alunos. Algumas têm um pátio grande e com muitas árvores, outras têm apenas uma quadra para a prática de esportes. Algumas têm uma biblioteca com muitos livros, outras não.

Observe a área externa da escola abaixo.

Ilustra Cartoon/Arquivo da editora

- O que você observa na área externa da escola acima?

Agora observe a área interna da mesma escola.

Ilustra Cartoon/Arquivo da editora

ATIVIDADES

1 Com a ajuda do professor, nomeie as áreas internas da escola.

1. ______________________ 4. ______________________

2. ______________________ 5. ______________________

3. ______________________ 6. ______________________

2 Como você reconheceu cada uma delas?

FORMAS DE REPRESENTAR A SALA DE AULA

Um professor lançou para a turma o desafio de representar a sala de aula utilizando:

- caixas de papelão;
- caixinhas de fósforo de diferentes tamanhos;
- tampinhas de garrafas de plástico.

Veja o que os alunos fizeram.

Paulo Manzi/Arquivo da editora

Esse tipo de representação é chamado **maquete**.

A maquete é uma representação em miniatura de um espaço real, como a sala de aula, por exemplo.

Depois o professor pediu aos alunos que desenhassem a sala de aula em uma folha de papel, observando a maquete, na visão vertical. Veja ao lado o desenho de um dos alunos.

Esse tipo de representação simplificada é chamado **croqui** ou **esboço**.

Ilustrações: Ilustra Cartoon/ Arquivo da editora

ATIVIDADES

1 O aluno fez uma legenda para o croqui acima, mas ela está incompleta. Complete a legenda com as informações que estão faltando.

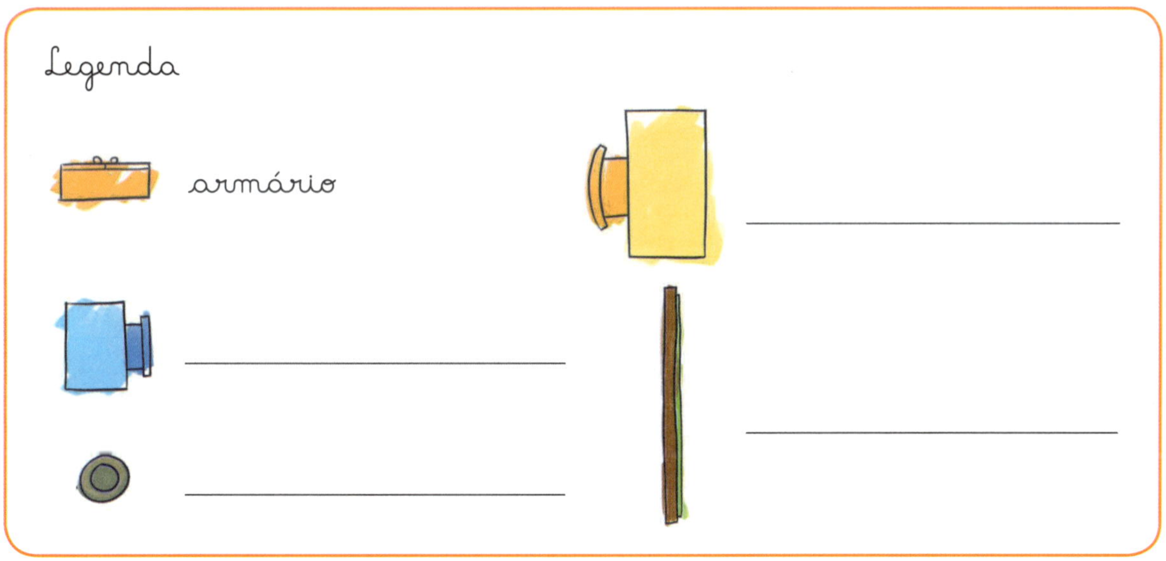

2 Quais são as diferenças entre os dois tipos de representação (maquete e croqui)?

____

____

____

OS PROFISSIONAIS DA ESCOLA

Muitas pessoas trabalham na escola. Cada uma delas realiza uma atividade diferente, mas todas são responsáveis pelo bom funcionamento da escola. Observe os profissionais que trabalham na Escola Céu Azul:

Ilustra Cartoon/Arquivo da editora

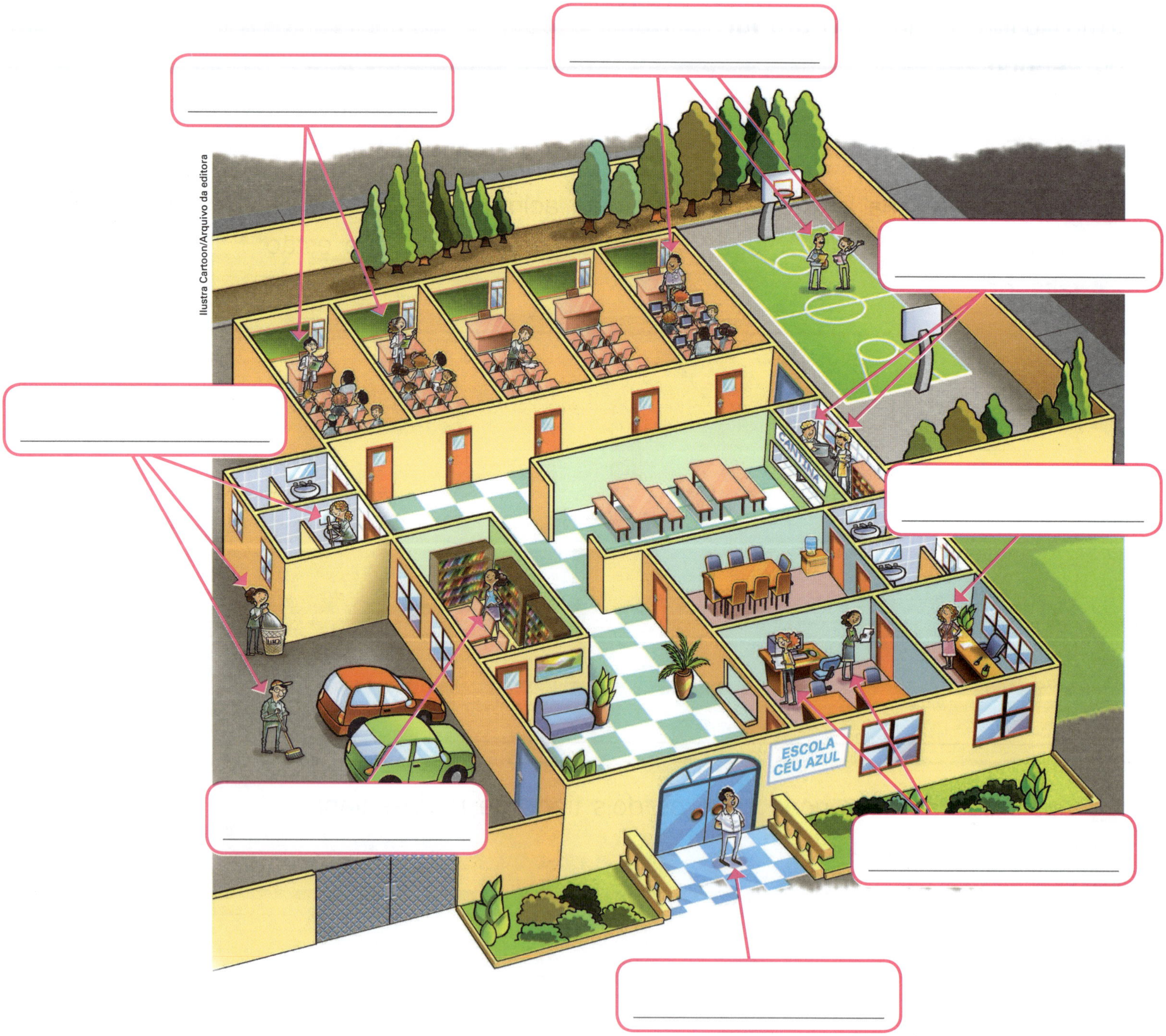

ATIVIDADES

1 Complete a cena ao lado com as palavras abaixo.

faxineiros	secretárias	professores	bibliotecária
cozinheiros	diretora	porteiro	

2 Utilizando as mesmas palavras da atividade anterior, complete o quadro abaixo. Observe o exemplo.

Profissionais	Funções
bibliotecária	Organiza livros, revistas, jornais e outros materiais para facilitar as pesquisas.
_______________	Preparam as refeições de todos na escola.
_______________	Coordena o trabalho dos professores e dos demais profissionais da escola.
_______________	Cuidam da limpeza de todos os espaços da escola, tanto internos quanto externos.
_______________	Explicam os conteúdos de cada disciplina e esclarecem as dúvidas dos alunos o ano todo.
_______________	Tratam de toda a documentação da escola, incluindo matrículas e boletins escolares.
_______________	Cuida da entrada e da saída dos alunos na escola.

a) Circule no quadro acima os profissionais que trabalham na escola em que você estuda.

b) Existe algum profissional que trabalha na escola em que você estuda e não está no quadro acima? Qual? Qual é a função dele?

ATIVIDADES DO CAPÍTULO

1. Agora o desafio é lançado para você:

   a) Faça um croqui no espaço abaixo, na visão vertical, da sala de aula onde você estuda.

   b) Escreva o seu nome e dos colegas na carteira que cada um costuma se sentar. Bom trabalho!

Legenda

   c) Quem senta na sua frente? E atrás?

   ____

   d) Quem senta à sua direita? E à esquerda?

   ____

2. Qual é o profissional que aparece em cada imagem? Escreva.

Tyler Olson/Shutterstock

Aleksandr Kondratuk/RIA Novosti/Keystone

Fernando Favoretto/Criar Imagem

______________________ ______________________ ______________________

3. Agora, que tal conhecer um pouco mais alguma pessoa que trabalha na escola em que você estuda? Com um colega, utilize o roteiro abaixo e faça uma entrevista.

Nome completo: ____

Profissão: ____

Atividades que realiza na escola:

____

____

Há quanto tempo trabalha na escola? __________________________

Qual é o meio de transporte usado para chegar na escola?

____

Do que mais gosta no trabalho? Por quê?

____

____

CAPÍTULO 9

A ESCOLA E SEUS ARREDORES

O CAMINHO DE CASA ATÉ A ESCOLA

Giz de Cera/Arquivo da editora

ATIVIDADES

1 Como Sérgio vai para a escola todo dia?

____

2 Conte a um colega o percurso que Sérgio faz para ir de casa até a escola. Use as palavras que indicam orientação: em frente, atrás, à direita e à esquerda.

3 Descubra um outro caminho seguro para Sérgio ir de casa para a escola. Ele deve andar pela calçada e atravessar as ruas na faixa de pedestres. Use um lápis colorido e trace esse caminho na ilustração.

DIFERENTES CAMINHOS PARA A ESCOLA

Agora, que tal conhecer um pouco da história de crianças que estudam em escolas de diferentes lugares do mundo?

Mapas: Ilustra Cartoon/Arquivo da editora

Sibusiso tem 11 anos e mora em uma fazenda na África do Sul, onde se cultivam morangos. Sua casa fica a oito quilômetros da escola, e ele anda mais de uma hora por dia para chegar até lá. Mesmo sendo cansativo, Sibusiso não liga de ir caminhando para a escola. Ele anda sozinho até a metade do caminho, depois encontra os amigos para terminar a jornada. Por segurança, as crianças andam em fila pela estrada. Quem vai na frente leva uma bandeira.

Ilustrações: Giz de Cera/Arquivo da editora

Esse texto foi adaptado do livro **Escolas como a sua: um passeio pelas escolas ao redor do mundo**, de Penny Smith e Zahavit Shalev. Tradução de Lavínia Fávero. São Paulo: Ática, 2008. p. 27.

Isabelle tem 11 anos e mora em Amsterdã, nos Países Baixos, num apartamento perto das lojas e museus do centro. Todos os dias, ela vai de bicicleta para a escola, pelas ciclovias que cruzam a cidade.

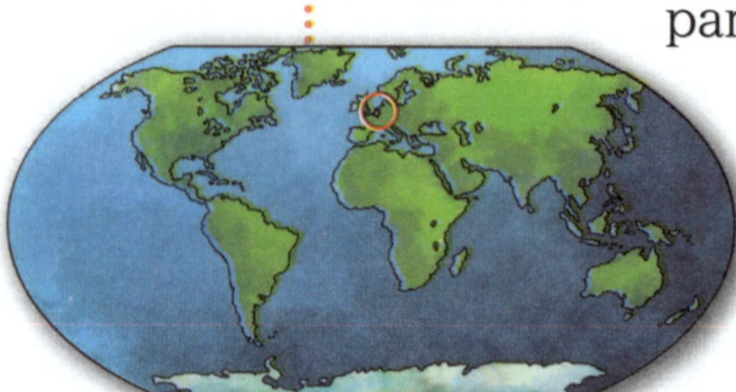

Esse texto foi adaptado do livro **Escolas como a sua: um passeio pelas escolas ao redor do mundo**, de Penny Smith e Zahavit Shalev. Tradução de Lavínia Fávero. São Paulo: Ática, 2008. p. 43.

ATIVIDADES

1 Desenhe como você vai à escola todos os dias. Coloque em seu desenho o que chama a sua atenção no caminho.

- Converse com os colegas sobre o caminho que cada um deles faz de casa até a escola.

2 Compare o caminho que você faz de casa até a escola com as histórias da página ao lado. Quais são as semelhanças e as diferenças? Converse com o professor e os colegas.

3 Sibusiso e Isabelle moram no campo ou na cidade?

____

____

ATIVIDADES DO CAPÍTULO

1. Marcelo vai de carro para a escola todos os dias com a sua mãe. Veja na ilustração abaixo a casa de Marcelo e a escola em que ele estuda.

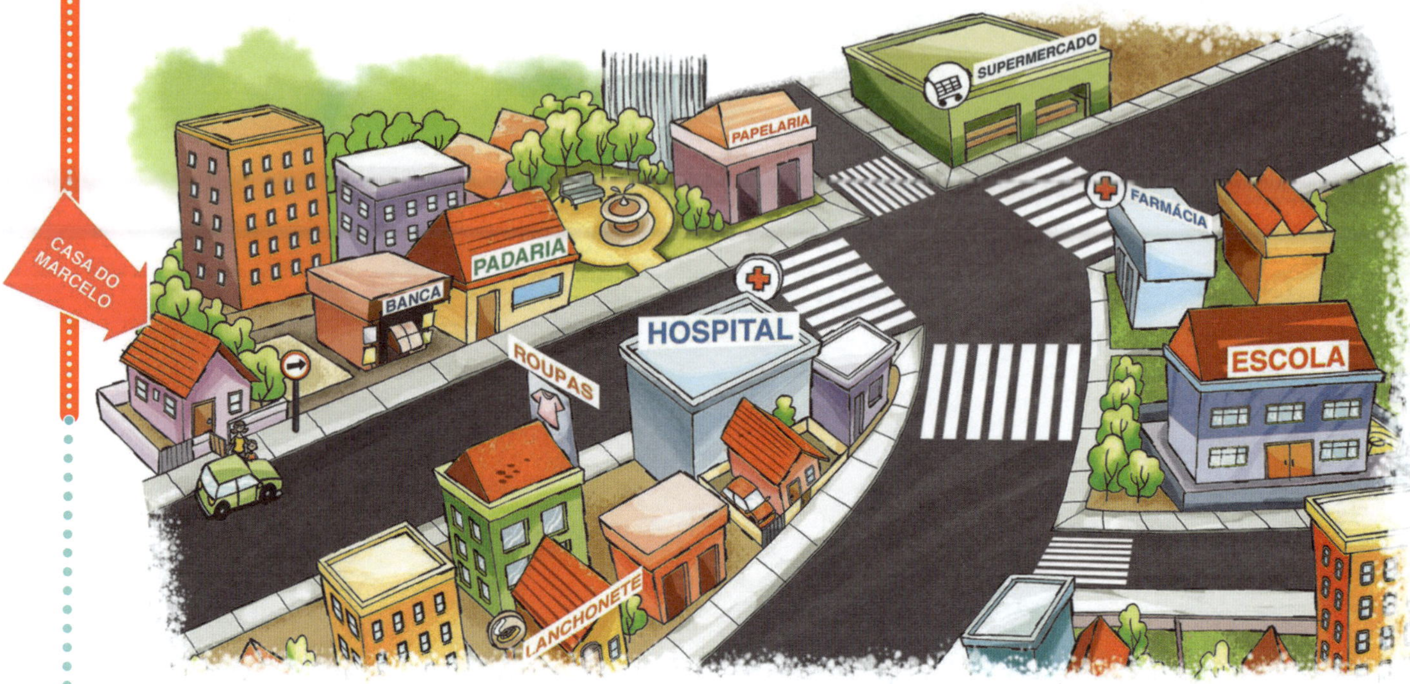

Ilustra Cartoon/Arquivo da editora

Eles saem de casa, vão em frente até a esquina. Depois eles entram à direita e logo chegam à escola.

Agora responda às questões abaixo.

a) No caminho de casa até a escola, o que está à esquerda de Marcelo e de sua mãe?

☐ Banca ☐ Padaria ☐ Hospital

b) E o que está à direita de Marcelo e de sua mãe?

☐ Loja de roupas ☐ Supermercado ☐ Papelaria

c) O que está em frente à padaria?

☐ Papelaria ☐ Casa de Marcelo ☐ Hospital

2. Conheça a história de Olga.

Olga tem 8 anos e mora na Rússia. Ela usa uma cadeira de rodas porque não consegue andar. Para que Olga possa se movimentar facilmente pela escola, foram construídas rampas no prédio.

Esse texto foi adaptado do livro **Escolas como a sua: um passeio pelas escolas ao redor do mundo**, de Penny Smith e Zahavit Shalev. Tradução de Lavínia Fávero. São Paulo: Ática, 2008. p. 52.

HOZart/Arquivo da editora

a) Existe alguma criança ou adulto que usa uma cadeira de rodas na sua escola?

☐ Sim ☐ Não

b) A escola em que você estuda tem rampas e elevador para que uma pessoa que usa cadeira de rodas possa circular?

3. Observe a fotografia ao lado.

a) Existem rampas, como a da imagem ao lado, nas calçadas no seu trajeto de casa até a escola?

☐ Sim ☐ Não

b) Você acha que as rampas são importantes para as pessoas que usam cadeira de rodas? Por quê?

____

____

____

Rubens Chaves/Pulsar Imagens

Rampa na calçada em Monteiro, no estado da Paraíba (Brasil). Fotografia de 2015.

ENTENDER O ESPAÇO GEOGRÁFICO

REPRESENTANDO A SALA DE AULA

Agora você vai aprender a medir a sala de aula para fazer um desenho dela em tamanho reduzido. Para isso você vai usar os pés. Isso parece estranho? Então siga as instruções:

1. Junte-se com um colega. Vocês formarão uma dupla de trabalho.
2. Escolham um lado da sala para começar. Um de vocês vai andar e o outro vai contar os passos.
3. Coloque um pé bem próximo do outro, como na ilustração ao lado.
4. Depois faça a mesma coisa para os outros lados da sala. Anotem os números de passos dados:

lado 1: ________ passos

lado 2: ________ passos

lado 3: ________ passos

lado 4: ________ passos

Ilustra Cartoon/Arquivo da editora

5. Agora vocês vão representar no papel o número de passos que deram na sala de aula.

Vejam um exemplo:

lado 1: 8 passos

lado 2: 4 passos

lado 3: 8 passos

lado 4: 4 passos

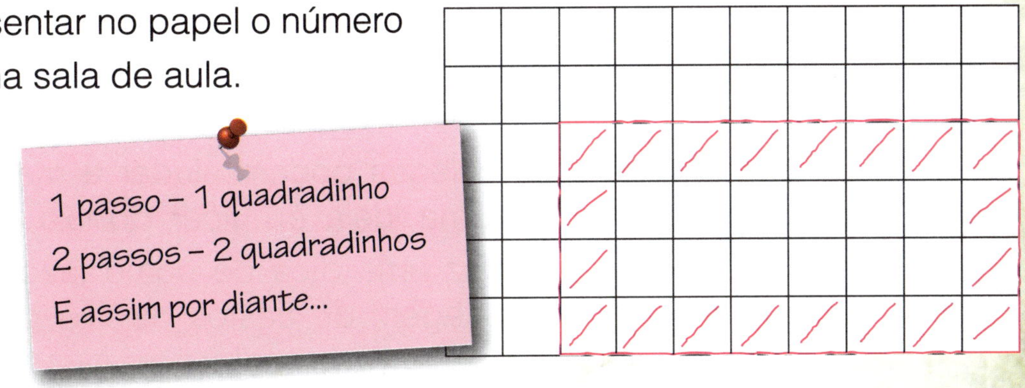

Representem abaixo os números de passos que vocês anotaram.

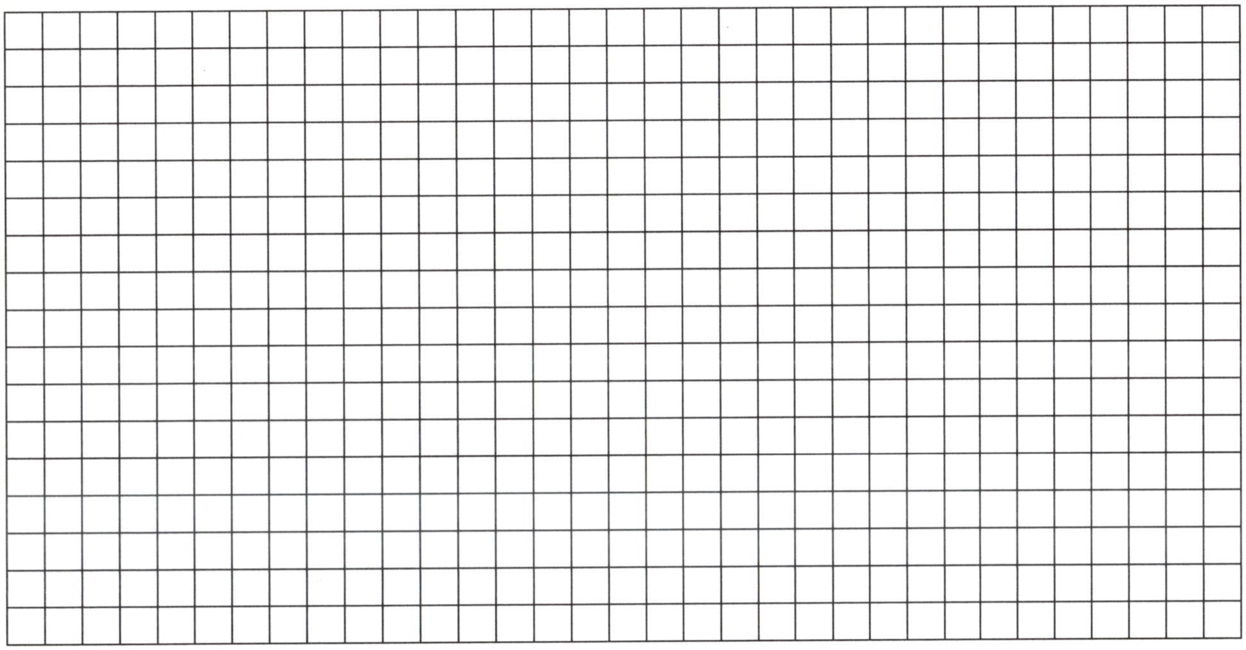

Agora respondam:

a) Que forma tem a sala de aula onde vocês estudam?

☐ Quadrada ☐ Retangular

☐ Outra forma. Qual? ______________________

b) Qual é a diferença entre o croqui da sala de aula que você fez na página 82 e o desenho acima?

c) Será que você pode representar outras coisas dessa mesma maneira? Converse com os colegas e o professor.

LER E ENTENDER

Como você e os colegas podem ajudar a manter a escola sempre limpa e organizada? Uma ideia é cuidar do lixo produzido na escola.

O texto a seguir traz uma dica de como fazer isso, apresentando as instruções para a montagem de cestos de lixo para a coleta seletiva.

Acompanhe a leitura do professor e, depois, mãos à obra!

Cesto de lixo para reciclagem

Idade recomendada: a partir de 6 anos.

Material

- quatro galões grandes de água (de plástico)
- cola branca
- pincel
- fita adesiva
- papel de seda verde, amarelo, vermelho e azul

Como fazer

Ilustra Cartoon/Arquivo da editora

1. Peça a um adulto que recorte a parte de cima dos galões.
2. Cubra a borda superior de cada galão com fita adesiva.
3. Pique os papéis de seda em pedaços. Coloque um pouco de cola em um prato.
4. Umedeça os pedaços de papel com a cola e cubra toda a superfície do galão. Deixe secar. Lembre-se de que você vai fazer quatro lixeiras, cada uma delas de uma cor.
5. Escreva em quatro papéis brancos: “vidro”, “metal”, “plástico” e “papel”. Cole em cada cesto.
6. Por último, aplique de novo a cola com o pincel para dar um acabamento mais resistente. Deixe secar bem.

Esse texto foi adaptado do livro **Organize-se: trabalhos manuais para guardar, arrumar, reciclar e decorar**. São Paulo: Ciranda Cultural, 2012. p. 66-67.

Reprodução/Ed. Ciranda Cultural

ANALISE

1. Lendo esse texto, você acha que será fácil ou difícil montar os cestos de lixo? Por quê?

2. Para quem esse texto foi escrito? Justifique sua resposta.

3. O texto de instrução que você acabou de ler está dividido em três partes. O que cada uma delas indica? Escreva abaixo.

Título ______________________________

Material ______________________________

Como fazer ______________________________

4. Em sua opinião, por que a instrução de montagem do cesto (como fazer) é ilustrada e numerada?

____

____

RELACIONE

5. Agora converse com os colegas:

- Só com a produção desses cestos de lixo a conservação e a limpeza da escola estão garantidas?
- Além dos cestos de lixo, de que maneira cada um de vocês pode contribuir para a limpeza da escola?
- Onde os cestos de lixo poderão ser colocados? Por quê?

O QUE APRENDI?

Agora é hora de retomar o que foi visto nesta Unidade. Vamos lá?

Jamil Ahmed/Landov/Other Images

1. Como você acha que é estudar numa sala de aula como a da imagem?

2. Você acha que o direito a educação das crianças da imagem está sendo garantido?

3. Como você estudou, as escolas e as salas de aula podem ser diferentes da sua. Mas o que todas têm em comum?

____

____

____

4. Qual é o lugar da escola de que você mais gosta? Desenhe-o em uma folha à parte.

a) O lugar que você mais gosta da escola está na área:

☐ externa da escola. ☐ interna da escola.

b) Quais atividades você realiza nele?

____

____

5. Dê sua opinião sobre o que você, os colegas e os funcionários podem fazer para:

- a escola ter um ambiente limpo e organizado.
- a boa convivência na escola.

6. Preencha o quadro abaixo.

	Essa atitude ajuda os colegas porque...
Chegar no horário	
Jogar o lixo no local adequado	
Levantar a mão para falar	

Ilustrações: HQZart/Arquivo da editora

UNIDADE 4

A RUA E O BAIRRO

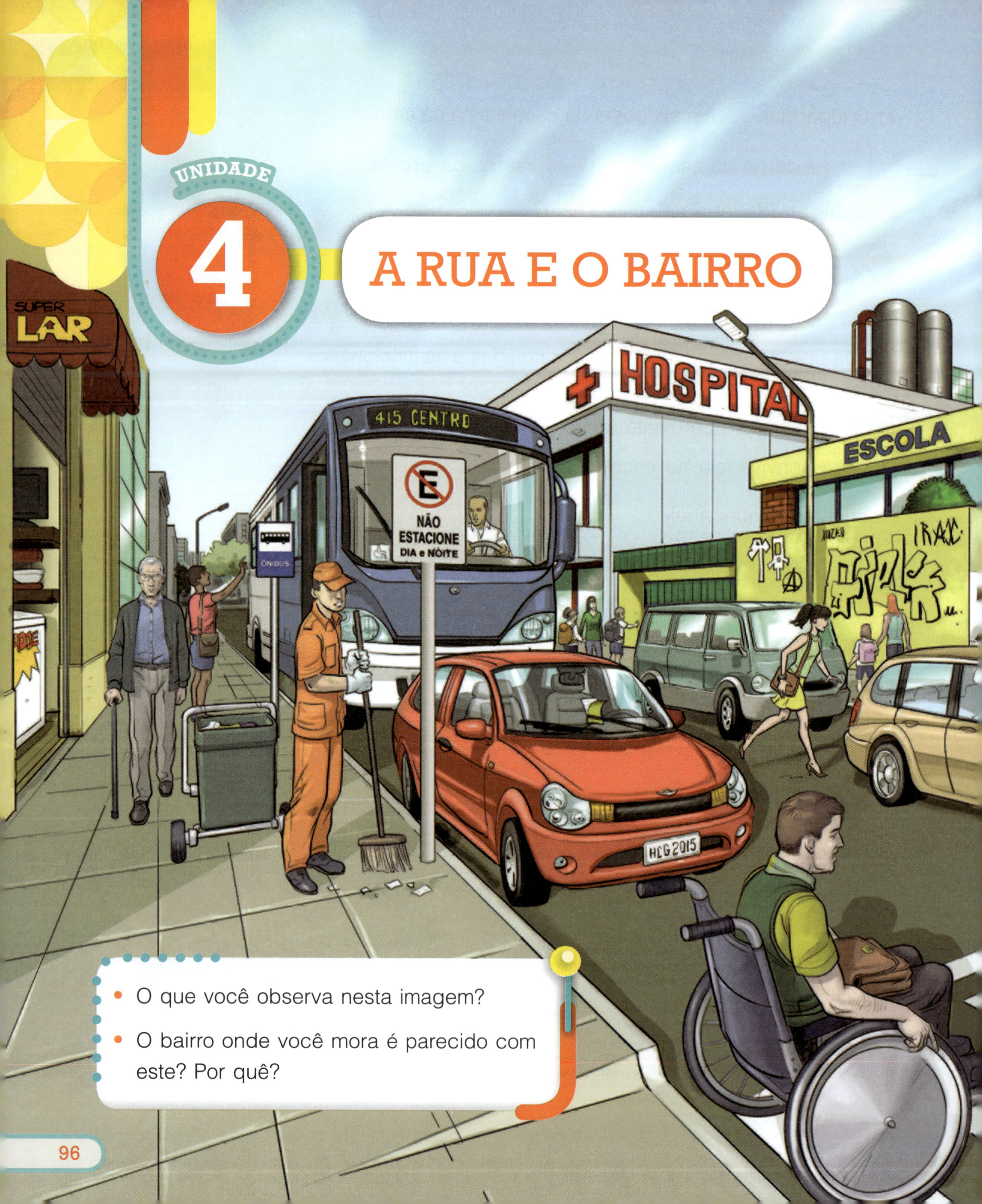

- O que você observa nesta imagem?
- O bairro onde você mora é parecido com este? Por quê?

Hector Gomez/Arquivo da editora

CAPÍTULO

10 AS RUAS

PONTO DE REFERÊNCIA E ENDEREÇO

Você já precisou explicar para alguém onde mora? Veja como Leandro e Cláudia explicaram onde eles moram.

Para explicar a localização de sua casa, Leandro utilizou o banco e a casa amarela como **pontos de referência**.

Giz de Cera/Arquivo da editora

Giz de Cera/Arquivo da editora

Para explicar a localização de sua casa, Cláudia utilizou o **endereço**.

ATIVIDADES

1 Em sua opinião, que outros pontos de referência Leandro poderia ter utilizado para indicar a localização da casa dele?

2 Escreva abaixo o endereço de Cláudia.

Nome da rua: ____________ Número do apartamento: ______

Número do prédio: ____________ Bairro: ____________

3 Agora escreva o endereço da sua casa.

____

____

AS RUAS SÃO DIFERENTES

Pelas ruas circulam veículos e pessoas. É pelas ruas que podemos ir de um lugar a outro. Mas as ruas são diferentes umas das outras. Você já observou isso? Veja as ruas das fotografias a seguir.

Gerson Sobreira/Terrastock

Rua de terra em Londrina, no estado do Paraná (Brasil), em 2015.

Bruno Fernandes/Fotoarena

Avenida na cidade de São Paulo, estado de São Paulo (Brasil), em 2015.

Angelo Abu/Arquivo da editora

Rubens Chaves/Pulsar Imagens

Rua em Monteiro, no estado da Paraíba (Brasil), em 2015.

Cesar Diniz/Pulsar Imagens

Rua de paralelepípedos em São Luís, no estado do Maranhão (Brasil), em 2014.

ATIVIDADES

1 Quais são as semelhanças entre as ruas das fotografias? E as diferenças?

2 Qual delas é mais parecida com a rua onde você mora? Por quê?

____

____

3 As outras ruas do bairro em que você mora são parecidas com a sua? Como elas são?

AS TRANSFORMAÇÕES DE UMA RUA

Observe as imagens a seguir. Elas mostram a mesma rua em dias diferentes.

Sérgio Pedreira/Fotoarena

Avenida Sete de Setembro, em Salvador, estado da Bahia (Brasil), em 10 de Janeiro de 2016, um domingo.

Sérgio Pedreira/Fotoarena

Avenida Sete de Setembro, em Salvador, estado da Bahia (Brasil), em 11 de Janeiro de 2016, uma segunda-feira.

- Compare as duas fotografias acima. Converse com os colegas e o professor sobre as diferenças entre elas.

As ruas também se modificam ao longo do tempo. Observe as imagens.

Ruas próximas à Estação da Luz, em São Paulo, estado de São Paulo (Brasil), em 1911.

Ruas próximas à Estação da Luz, em São Paulo, estado de São Paulo (Brasil), em 2015.

ATIVIDADES

1 Em sua opinião, a rua em que você mora é diferente ao longo dos dias da semana? Explique a sua resposta.

2 Calcule quantos anos se passaram entre a fotografia 1 e a fotografia 2.

3 Quais são as mudanças observadas nessas duas fotografias?

ATIVIDADES DO CAPÍTULO

1. Leia o poema abaixo com o professor e os colegas.

Se essa rua fosse minha

Se essa rua fosse minha,
não mandava ladrilhar.
Não deixava botar pedras,
não deixava asfaltar.
Deixaria o chão de terra,
ou talvez plantasse grama.
Encheria as calçadas de flores,
um vasinho em cada poste.
[...]
Se essa rua fosse minha,
Eu não moraria sozinho.
Eu chamaria muita gente,
Pra morar aqui pertinho.
Chamaria um monte de amigos,
Alguns parentes e até o meu irmão.
São todas pessoas queridas,
Que eu gosto muito
E amo do fundo do meu coração.

Giz de Cera/Arquivo da editora

Trechos do poema **Se essa rua fosse minha**, de Eduardo Amos. São Paulo: Moderna, 2002. p. 4-5; 10-11.

a) Sublinhe no poema os versos com as características da rua que o poeta imaginou.

versos: linhas de um poema.

b) Desenhe em uma folha avulsa a rua descrita no poema.

2. Observe Matheus e Júlia na ilustração. Depois responda às questões.

Rubem Filho/Arquivo da editora

a) Descreva o caminho mais curto que Matheus deve fazer para chegar à casa dele. Indique alguns pontos de referência.

b) Descreva o caminho mais curto que Júlia deve fazer para chegar à casa dela. Indique alguns pontos de referência.

c) Qual é o endereço da escola no desenho acima?

____

3. Há quanto tempo você mora na mesma rua? Você já percebeu alguma transformação nela?

____

____

____

CAPÍTULO 11

OS BAIRROS

CONHECENDO OS BAIRROS

fábricas: locais onde são produzidos, por meio de máquinas, muitos produtos que consumimos.

Assim como as ruas, os bairros também são diferentes uns dos outros.

Em alguns deles há mais moradias; em outros há mais lojas.

Há bairros com muitas fábricas e bairros com moradias, lojas e fábricas, chamados **mistos**. Observe.

Esta é a **área residencial** deste bairro. Nela há muitas casas e prédios de moradia. Mas existem também algumas lojas que facilitam o dia a dia dos moradores.

Esta é a **área comercial** do bairro. Nela há muitas lojas de diferentes tipos e tamanhos.

Ilustra Cartoon/Arquivo da editora

ATIVIDADES

1 O que é um bairro misto?

___

2 Com a ajuda de um adulto que mora com você, responda às questões sobre o bairro onde você vive.

a) O bairro tem mais casas ou lojas?

___

b) O bairro tem fábricas? ☐ Sim ☐ Não

c) O bairro onde você mora é:

☐ residencial. ☐ industrial. ☐ rural.

☐ comercial. ☐ misto.

OS SERVIÇOS ESSENCIAIS DE UM BAIRRO

Nos bairros, alguns serviços são necessários para garantir boas condições de vida a seus moradores. Conheça alguns deles.

Gemenacom/Shutterstock

Água encanada e tratada para beber, cozinhar e tomar banho.

Postos e hospitais para cuidar da saúde das pessoas.

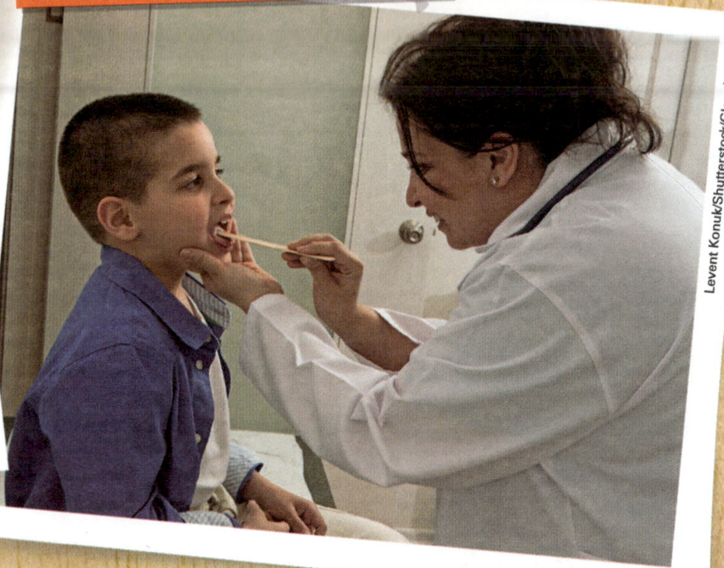

Levent Konuk/Shutterstock/Glow Images

Creches e escolas para garantir educação a crianças e adolescentes.

Vanessa Volk/Fotoarena

João Prudente/Pulsar Imagens

Transporte coletivo, como trens, metrô e ônibus, para as pessoas se deslocarem.

transporte coletivo: veículo que leva muitos passageiros ao mesmo tempo.

Luciana Whitaker/Pulsar Imagens

Limpeza das ruas e coleta do lixo para manter o bairro limpo.

Energia elétrica para iluminar as ruas e abastecer as moradias, comércios e indústrias.

Alf Ribeiro/Shutterstock

ATIVIDADES

- Quais serviços essenciais são oferecidos no bairro onde você mora? Assinale no quadro abaixo.

Serviços essenciais	Sim	Não
Água encanada e tratada		
Luz elétrica		
Transporte coletivo		
Coleta de lixo		
Limpeza de rua		
Posto de saúde		
Hospital		
Escola		

Ilustra Cartoon/Arquivo da editora

- Converse com o professor e os colegas sobre as anotações de cada um.

ATIVIDADES DO CAPÍTULO

1. Veja a história em quadrinhos abaixo.

Ilustra Cartoon/Arquivo da editora

a) De acordo com os quadrinhos, ao longo do tempo, o bairro se modificou. O bairro era:

☐ residencial. ☐ comercial. ☐ industrial.

b) Depois das mudanças, o bairro passou a ser:

☐ residencial. ☐ comercial. ☐ industrial.

2. Leia abaixo o título de uma notícia:

Moradores se queixam da falta de coleta de lixo em bairro de São Gabriel

Título da reportagem de Angela Bezerra, do *site* **Edição de Notícias**, 13 maio 2015. Disponível em:<www.edicaoms.com.br/cidades/moradores-se-queixam-da-falta-de-coleta-de-lixo-em-bairro-de-sao-gabriel>. Acesso em: 20 out. 2015.

Ilustra Cartoon/Arquivo da editora

a) Segundo o título da notícia, qual serviço essencial não está sendo garantido aos moradores de São Gabriel?

____

b) Quais os problemas que a falta de coleta do lixo podem causar para os moradores do bairro?

3. Nos bairros, alguns locais são frequentados por muitas pessoas. Utilize as palavras do quadro e nomeie cada local.

hospitais e postos de saúde	mercados	museus	parques e praças

Ilustrações: Rubem Filho/Arquivo da editora

______________________________ ______________________________

______________________________ ______________________________

CAPÍTULO 12

AS REGRAS PARA A BOA CONVIVÊNCIA

NO BAIRRO

Como você já estudou, todos nós somos responsáveis pelo lugar onde vivemos. Cuidar da nossa casa, da escola, da rua e do bairro onde moramos é uma demonstração de que gostamos deles. Além disso, muitos locais são frequentados por muitas pessoas. Respeitar as pessoas com as quais convivemos no nosso dia a dia é importante para sermos respeitados também.

A cena abaixo mostra uma parte de um bairro. Observe-a com atenção.

O bairro é nosso lugar?

Em Geografia, a palavra **lugar** tem um sentido especial. É uma porção do espaço em que vivemos e onde nos relacionamos com as outras pessoas. Lugar pode ser a casa, a escola, a rua, o bairro. Também pode ser o seu cantinho preferido na casa, aquele local do recreio em que você sempre se reúne com os colegas, uma praça a que você costuma ir ou outro local com o qual você se identifica.

Ilustra Cartoon/Arquivo da editora

ATIVIDADES

1 Circule na cena as atitudes que não contribuem para a boa convivência no bairro.

2 Por que as atitudes que você assinalou na questão anterior não contribuem para uma boa convivência? Converse com o professor e os colegas.

LEITURA DE IMAGEM

CUIDANDO DE ONDE MORAMOS

Você acha que cuidar da própria casa também pode ser uma maneira de colaborar com a melhoria do bairro?

OBSERVE

Celso Pupo/Shutterstock

Casas recém-pintadas pelos moradores na comunidade Dona Marta, na cidade do Rio de Janeiro, estado do Rio de Janeiro (Brasil). Foto de 2015.

Daniel Cymbalista/Pulsar Imagens

Prédio na cidade de São Paulo, estado de São Paulo (Brasil), em 2012.

1. Que cores foram usadas para pintar as construções da fotografia 1? Que tipo de pintura foi feito nas construções da fotografia 2?

ANALISE

2. As construções retratadas nas fotografias nem sempre foram pintadas dessa maneira. Como você imagina que elas eram antes?

3. Quem teriam sido os responsáveis por essas modificações?

4. Você acha que as modificações melhoraram a aparência das construções? E da rua?

5. Em sua opinião, é certo um desconhecido modificar, sem autorização, a moradia de outra pessoa? Por quê?

____

____

____

RELACIONE

6. Você concorda que, ao cuidarmos da nossa casa e da nossa escola, estamos cuidando também do nosso bairro? Por quê?

____

____

____

____

NO TRÂNSITO

Você já percebeu que existem regras para os pedestres e os motoristas circularem pelas ruas com segurança? Para orientar as pessoas existem os sinais de trânsito. Conheça alguns deles na letra da canção a seguir.

Atravessando a rua

Música/Letra: Edivaldo B. F. Neto
Voz e violões: Ricardo Chaves e Luiz Caldas

Criança, cuidado quando atravessar
Uma avenida ou uma rua qualquer
Olhe para um lado, olhe para o outro
Para não ser atropelada
Ande somente pela calçada
Ande contente sem se machucar
Muita atenção antes de atravessar
Olhe o **farol**, espere o sinal fechar
Vermelho para os carros: você pode passar
Verde para os carros: você tem que esperar
Nunca atravesse se o farol estiver **amarelo** da cor do Sol
Nunca atravesse fora da **faixa**
Ela é o espaço de segurança
Onde as crianças podem passar
Onde os carros têm de esperar

Ilustra Cartoon/Arquivo da editora

Essa canção faz parte do CD **Amigos do Detran**.
Disponível em: <www.detran.ba.gov.br/educacao/jingles.php#musicas>. Acesso em: 20 dez. 2012.

Como mostra a letra da canção, o farol (também chamado de **semáforo**) e a faixa de pedestres são importantes para orientar pedestres e motoristas no trânsito.

O trânsito pelo mundo

Você sabia que na Arábia Saudita existe uma lei que proíbe as mulheres de dirigir? Somente os homens têm direito a carteira de motorista. Mulheres que não respeitarem a lei são multadas e podem ser presas. Por causa disso, as mulheres sauditas já fizeram várias campanhas pedindo a mudança da lei. O que você acha disso?

Ilustra Cartoon/Arquivo da editora

ATIVIDADES

1 Pinte cada semáforo de acordo com o comando que o motorista deve obedecer.

2 Por que é importante atravessar a rua na faixa de pedestres?

3 Além do semáforo para os motoristas, existe o semáforo para os pedestres. Pinte cada semáforo de acordo com o comando que o pedestre deve obedecer.

ATIVIDADES DO CAPÍTULO

1. Observe o parque localizado perto da casa de Bia e de seus amigos.

Rubem Filho/Arquivo da editora

a) O que impede as crianças de brincar?

- [ ] O trânsito de carros.
- [ ] O lixo espalhado.
- [ ] A chuva.
- [ ] Os brinquedos quebrados.

b) Em sua opinião, o que poderia ser feito para mudar essa situação?

____

____

____

2. As placas de trânsito também são importantes para orientar pedestres e motoristas. Assinale em qual ilustração abaixo o motorista está respeitando a sinalização.

Ilustra Cartoon/Arquivo da editora

3. O que representa a tarja vermelha nas placas anteriores?

4. Para tentar resolver a situação encontrada por Bia e seus amigos, eles decidiram fazer placas com algumas regras para a boa convivência nos parques. Ajude-os a fazer essas placas.

ENTENDER O ESPAÇO GEOGRÁFICO

REPRESENTANDO O BAIRRO

Você se lembra que conheceu a casa do Jonas e da Meg na Unidade 2? Conheça agora o bairro onde eles moram.

HQZart/Arquivo da editora

O bairro onde Jonas e Meg moram também pode ser representado por uma **planta**. Veja na planta abaixo a localização da casa deles.

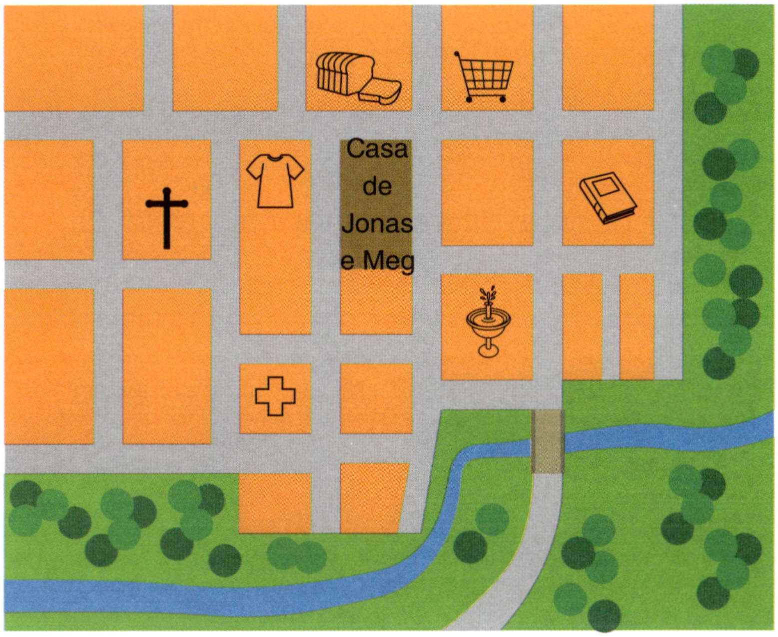

Planta é uma representação detalhada de um local, em uma superfície plana, como o papel. Podemos fazer a planta de um bairro, de uma casa ou de uma sala de aula, por exemplo.

HOZart/Arquivo da editora

1. Agora complete a legenda da planta do bairro de Jonas e Meg.

LEGENDA

Loja de roupas ____________ ____________ ____________ ____________

____________ ____________

2. Para que serve a legenda na representação acima?

3. Apenas observando a planta acima você conseguiria completar a legenda? Por quê?

4. Para Jonas e Meg irem de casa para a escola, eles podem escolher dois caminhos. Quais são eles? Desenhe na planta acima.

LER E ENTENDER

Você certamente já leu um poema. Na Unidade 3 você conheceu o poema “Palavras mágicas”, lembra? Ele é formado por versos e há o uso de rimas.

Mas agora você vai conhecer um poema diferente. O título dele é “Novos pedestres”. Em sua opinião, quem são esses pedestres?

Acompanhe a leitura do professor para conferir sua resposta.

rimas: palavras que têm sons semelhantes.

Novos pedestres

Na faixa de pedestre, o menino se esticava inteiro para tocar
só nas teclas brancas.
A mãe, apressada, não prestou atenção na música que saía
daquele piano.

Fernando Bueno/Pulsar Imagens

Trecho do poema do livro **Um pequeno tratado de brinquedos para meninos quietos da cidade**, de Selma Maria. São Paulo: Peirópolis, 2011. p. 34-35.

Reprodução/Ed. Petrópolis

ANALISE

1. Depois da leitura do professor, quem você acha que são os "novos pedestres"?

____

2. Em sua opinião, o que são as teclas brancas mencionadas no poema?

____

____

3. Por que o menino se esticava inteiro para tocar só nas teclas brancas?

4. Por que esse é um poema diferente?

RELACIONE

5. Em sua opinião, por que a mãe e o menino estão atravessando a rua na faixa de pedestres?

____

6. Que outros sinais de trânsito, além da faixa de pedestres, você conhece?

____

____

7. Que cuidados você toma quando está andando nas ruas?

____

____

____

O QUE APRENDI?

Agora é hora de retomar as discussões realizadas nesta Unidade. Vamos lá!

Hector Gomez/Arquivo da editora

1. Agora que você aprendeu sobre a rua e o bairro, como descreveria a cena representada na abertura da Unidade?

2. Pinte a ilustração. Depois circule as situações em que há desrespeito a alguma regra para a boa convivência.

3. Com base no que você observa na rua da imagem de abertura, você diria que esse bairro é:

- [ ] residencial.
- [ ] rural.
- [ ] comercial.
- [ ] industrial.

4. Quais são as sinalizações de trânsito que aparecem na ilustração?

____

____

5. Preencha o quadro abaixo pensando na relação entre carros e pedestres.

	Ações que permitem a boa convivência no trânsito
Motoristas	
Pedestres	

6. Qual é a localização da escola em que você estuda? Compare suas respostas com as dos colegas.

Endereço: ____

____

Pontos de referência: ____

____

____

PARA SABER MAIS

LIVROS

Reprodução/Ed. Mundo Mirim

Crianças da Amazônia, de Maurício Veneza. São Paulo: Mundo Mirim.

Este livro apresenta sete contos. Cada um deles mostra a vida de uma criança que mora na Amazônia. Vamos conhecer a rotina dessas crianças?

Reprodução/Ed. Cortez

Histórias de valor, de Egidio Trambaiolli Neto. São Paulo: Cortez.

Que tal pensar sobre as diferenças que existem entre as pessoas e sobre o jeito que cada pessoa tem? Com este livro, vamos descobrir que podemos aprender bastante com nossos familiares e amigos.

Reprodução/Ed. Ática

Crianças como você, de Barnabas e Anabel Kindersley. São Paulo: Ática.

Você tem curiosidade a respeito de como vivem outras crianças do mundo? Então este é o livro certo. Crianças de todos os continentes mostram, com o auxílio de muitas fotografias, como vivem, estudam e se divertem.

Reprodução/Ed. Moderna

O livro das casas, de Ricardo Azevedo. São Paulo: Moderna.

Será que existe somente um tipo de casa? Este livro nos incentiva a pensar sobre as características de uma casa e a imaginar diversos outros tipos de moradia, como a casa da imaginação e até mesmo a casa de uma pulga.

Reprodução/Ed. Scipione

Por que economizar água?, de Jen Green e Mike Gordon. São Paulo: Scipione.

Neste livro, Clara ensina seu amigo a usar a água sem desperdício. E assim ele pode ajudar a sua família a usar bem esse recurso.

Reprodução/Ed. Todolivro

O clube dos corta-*bullying*, de Teresa Bateman. Blumenau: Todolivro.

Neste livro, os animais são os personagens principais. Todos vão à escola e gostam muito de estudar. Mas eles precisam lidar com um problema: as brigas criadas por Gerson Terrível, que sempre importuna os outros. Para resolver a situação e conversar com Gerson, um grupo de colegas se une e cria um clubinho.

Reprodução/Ed. Brinque-Book

Escola de chuva, de James Rumford. São Paulo: Brinque-Book.

Um grupo de crianças caminha por uma estrada no Chade, país da África. É seu primeiro dia de aula! Mas, com o passar do tempo, as crianças percebem que terão uma tarefa difícil pela frente: construir a própria escola, com a ajuda de uma professora muito legal.

Reprodução/Ed. Salamandra

O bairro do Marcelo, de Ruth Rocha. São Paulo: Salamandra. (Marcelo, Marmelo, Martelo).

O livro apresenta o bairro do personagem Marcelo, que descobre os estabelecimentos que compõem esse bairro e o prazer da convivência com os vizinhos.

Reprodução/Ed. Cortez

Meus primeiros passos nas ruas e no trânsito, de Gílson Yoshioka e Myriam Chinalli. São Paulo: Cortez.

O trânsito faz parte da vida dos moradores de muitas cidades. Este livro apresenta as atitudes que devemos tomar quando utilizamos meios de transporte, como carro, ônibus, trem ou metrô.

SITE

Reprodução/<http://pibmirim.socioambiental.org/como-vivem>

Povos indígenas no Brasil

<http://pibmirim.socioambiental.org/como-vivem>.
Acesso em: 3 nov. 2015.

Site dedicado a crianças, ligado ao Instituto Socioambiental. Nele, você pode aprender mais sobre os povos indígenas do Brasil. Clicando na seção “Casas”, é possível conhecer os tipos de moradias indígenas. Já na seção “Jeitos de aprender” você vai saber mais sobre como as crianças indígenas aprendem e estudam.

ANIMAÇÃO

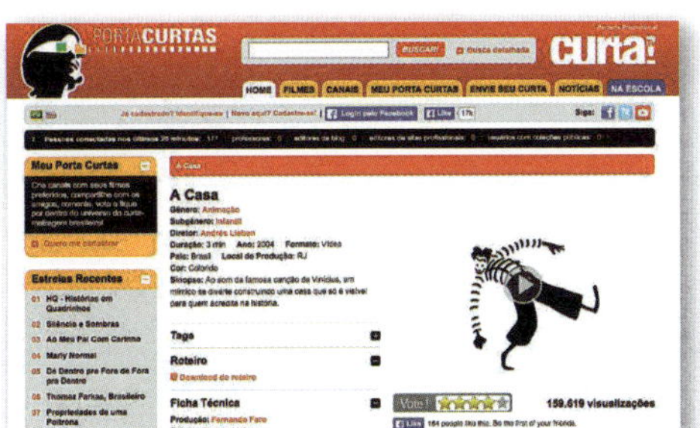

Reprodução/<http://portacurtas.org.br/filme/?name=a_casa>

A casa

<http://portacurtas.org.br/filme/?name=a_casa>.
Acesso em: 3 nov. 2015.

De Andrés Lieban. Brasil, 2004. Duração: 3 min.

Um mímico, que se expressa por meio de gestos, constrói uma casa ao som da música "A casa", de Vinicius de Moraes. Quem será que vai conseguir enxergar a casa construída?

BIBLIOGRAFIA

ALMEIDA, R. D. de (Org.). *Novos rumos da cartografia escolar:* currículo, linguagem e tecnologia. São Paulo: Contexto, 2011.

BRASIL, Ministério da Educação. *Estatuto da Criança e do Adolescente.* 9. ed. Lei Federal n. 8069, de 13 de julho de 1990. Brasília: Imprensa Oficial, 2012.

______. Ministério da Educação. Secretaria de Educação Básica. *Diretrizes Curriculares Nacionais da Educação Básica.* Brasília, 2013.

______. Ministério da Educação. Secretaria de Educação Básica. Fundo Nacional de Desenvolvimento da Educação. *Ensino Fundamental de nove anos:* orientações para a inclusão da criança de seis anos de idade. Brasília, 2007.

______. Ministério da Educação. Secretaria de Educação Básica. Fundo Nacional de Desenvolvimento da Educação. *Pró-letramento:* programa de formação continuada de professores das séries iniciais do Ensino Fundamental. Brasília, 2006.

______. Ministério da Educação. Secretaria de Educação Fundamental. *Parâmetros Curriculares Nacionais:* História e Geografia. Brasília, 1997.

______. Ministério da Educação. Secretaria de Educação Fundamental. *Parâmetros Curriculares Nacionais:* temas transversais – apresentação – Ética, Pluralidade Cultural, Orientação Sexual. Brasília, 1997.

______. Ministério da Educação. Secretaria de Educação Fundamental. *Referencial Curricular Nacional para a Educação Infantil.* Brasília, 1998.

BUSCH, A.; VILELA, C. *Um mundo de crianças.* São Paulo: Panda Books, 2007.

CALLAI, Helena Copetti. Aprendendo a ler o mundo: A Geografia nos anos iniciais do Ensino Fundamental. *Cad. Cedes*, Campinas, v. 25, n. 66, p. 227-247, maio/ago. 2005. Disponível em: <www.cedes.unicamp.br>.

CASTELLAR, S. M. V. (Org.). *Educação geográfica:* teorias e práticas docentes. São Paulo: Contexto, 2012.

______; MORAES, J. V. *Ensino de Geografia.* São Paulo: Thompson, 2010.

CASTROGIOVANNI, A. C. et al. *Geografia em sala de aula:* práticas e reflexões. Porto Alegre: UFRGS/Associação dos Geógrafos Brasileiros, 2010.

______. *Ensino da Geografia:* práticas e textualizações no cotidiano. Porto Alegre: Mediação, 2014.

CAVALCANTI, L. S. *Geografia, escola e construção de conhecimentos.* Campinas: Papirus, 2011.

FALLEIROS, I.; GUIMARÃES, M. N. *Os diferentes tempos e espaços do homem:* atividades de Geografia e de História para o Ensino Fundamental. São Paulo: Cortez, 2005.

IBGE. *Atlas geográfico escolar.* 6. ed. Rio de Janeiro, 2012.

KINDERSLEY, B.; KINDERSLEY, A. *Crianças como você:* uma emocionante celebração da infância no mundo. 8. ed. São Paulo: Ática, 2009.

LOPES, J. J. M. *Geografia da infância:* contribuições aos estudos das crianças e suas infâncias. *Revista de Educação Pública (UFMT)*, v. 22, p. 283-294, 2013.

MARTINELLI, M. *Mapas da Geografia e Cartografia temática.* São Paulo: Contexto, 2010.

PONTUSCHKA, N. N.; PAGANELLI, T. I.; CACETE, N. H. *Para ensinar e aprender Geografia.* São Paulo: Cortez, 2007.

SIMIELLI, M. E. R. O mapa como meio de comunicação e alfabetização cartográfica. In: ALMEIDA, Rosângela Doin de (Org.). *Cartografia escolar.* São Paulo: Contexto, 2010. v. 2. p. 71-94.

______. *Primeiros mapas:* como entender e construir. São Paulo: Ática, 2010. 4 v.

SMITH, P.; SHALEV, Z. *Escolas como a sua:* um passeio pelas escolas ao redor do mundo. São Paulo: Ática, 2008.

STRAFORINI, R. *Ensinar Geografia:* o desafio da totalidade-mundo nas séries iniciais. São Paulo: Annablume, 2008.

UNESCO. *Educação:* um tesouro a descobrir. São Paulo: Cortez; Brasília: Unesco, 1998.

VYGOTSKY, L. S. *Pensamento e linguagem.* São Paulo: Martins Fontes, 2003.

O MELHOR BAIRRO PARA MORAR

O OBJETIVO DESTE JOGO É CONSTRUIR UMA MAQUETE. VOCÊ PODERÁ CONSTRUIR UM BAIRRO NA CIDADE E UM BAIRRO NO CAMPO. SEGUEM ALGUMAS ORIENTAÇÕES PARA AJUDÁ-LO NA TAREFA DE CONSTRUIR BONS BAIRROS PARA VIVER:

- VOCÊ NÃO PRECISA UTILIZAR TODAS AS PEÇAS. ESCOLHA AQUELAS QUE ACHAR IMPORTANTES.
- UM BOM BAIRRO PARA MORAR PRECISA DE ÁREAS LIVRES VERDES. NÃO É BOM TER CASAS E PRÉDIOS "GRUDADOS" UNS NOS OUTROS!
- NAS RUAS, MOTORISTAS, CICLISTAS E PEDESTRES DEVEM RESPEITAR AS NORMAS DE TRÂNSITO PARA QUE TODOS SE DESLOQUEM COM SEGURANÇA.

COMO MONTAR

- DESTAQUE E MONTE A BASE SOBRE SUA CARTEIRA OU SOBRE OUTRA SUPERFÍCIE PLANA.
- COM A AJUDA DO PROFESSOR, DESTAQUE AS PEÇAS E SIGA AS ORIENTAÇÕES PARA DOBRAR E COLAR.

AVALIANDO SUAS ESCOLHAS

SEUS BAIRROS E O DE SEUS COLEGAS ESTÃO PRONTOS? ENTÃO, QUE TAL SABER QUEM CONSTRUIU UM EXCELENTE BAIRRO?

NA PÁGINA 29, VOCÊ ENCONTRARÁ CARTAS QUE VÃO AJUDÁ-LO NESSA AVALIAÇÃO. NELAS, ESTÃO INDICADOS OS PONTOS QUE VOCÊ GANHARÁ OU PERDERÁ DE ACORDO COM AS ESCOLHAS FEITAS.

PARA CADA PONTO GANHO VOCÊ RECEBERÁ UMA FICHA (VER PÁGINA 31). PARA CADA PONTO PERDIDO VOCÊ PERDERÁ UMA FICHA. TODOS DEVEM COMEÇAR COM 20 FICHAS.

COMPARE A SUA PONTUAÇÃO COM A DE SEUS COLEGAS: GANHA AQUELE QUE TIVER MAIS FICHAS.

BOM JOGO!

COLE

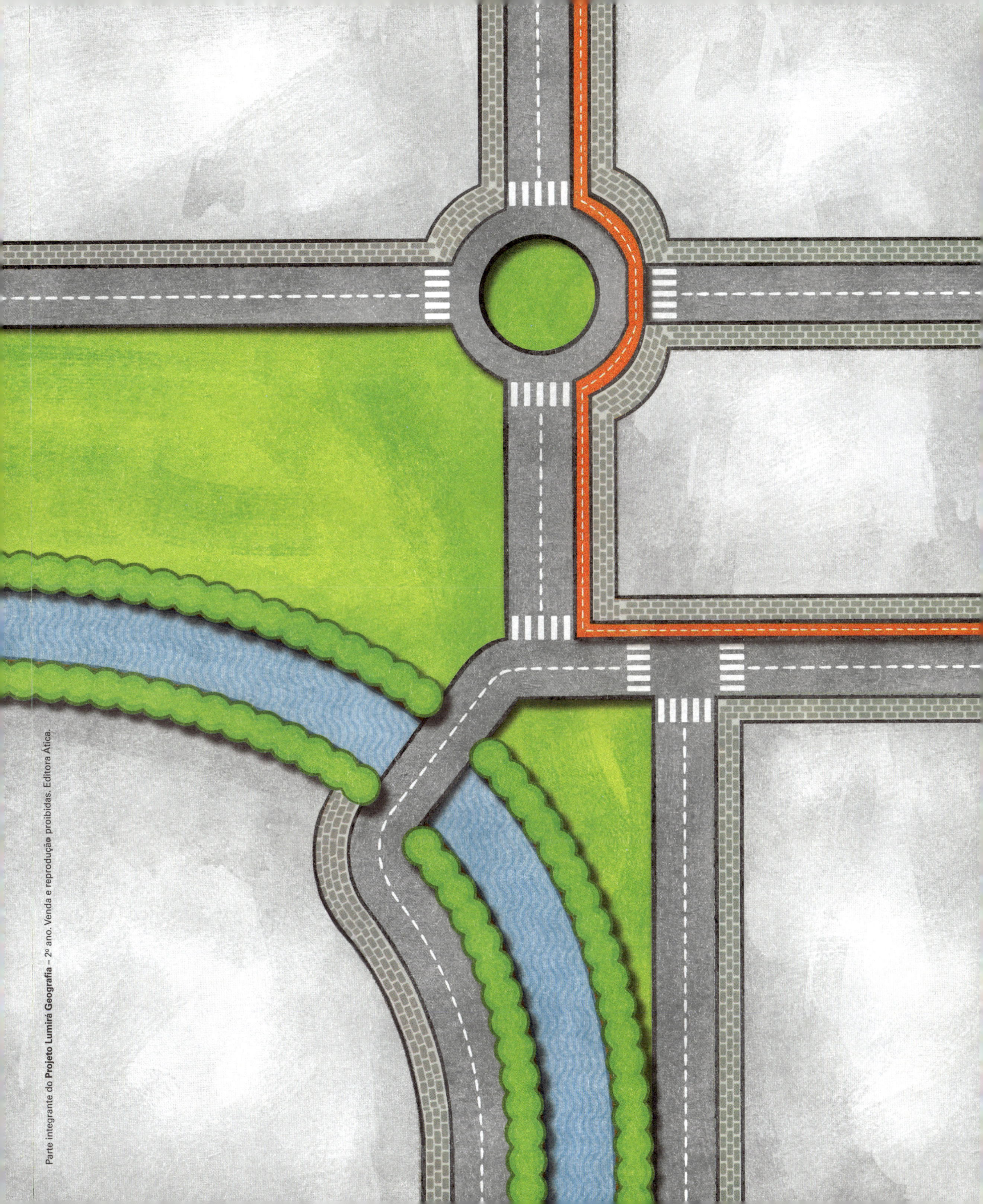

- - - - - - - - - dobre

cole

Ilustrações: Estúdio de Boiso/Arquivo da editora.

DESTAQUE AS PEÇAS COM CUIDADO. PEÇA A AJUDA DO PROFESSOR.

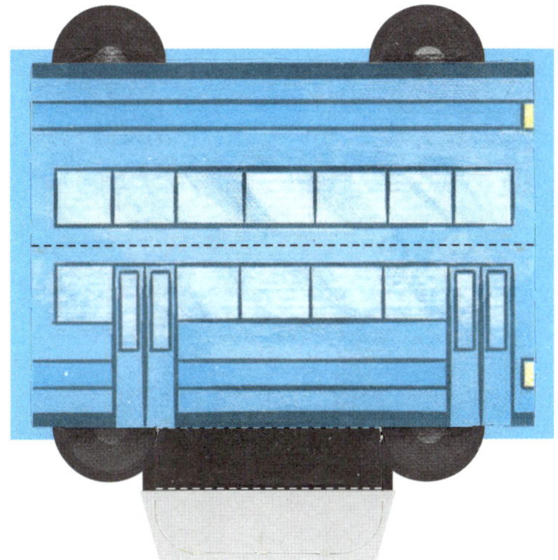

dobre

cole

DESTAQUE AS PEÇAS COM CUIDADO. PEÇA A AJUDA DO PROFESSOR.

- - - - - - dobre

cole

DESTAQUE AS PEÇAS COM CUIDADO. PEÇA A AJUDA DO PROFESSOR.

DESTAQUE AS PEÇAS COM CUIDADO. PEÇA A AJUDA DO PROFESSOR.

- - - - - - - dobre

cole

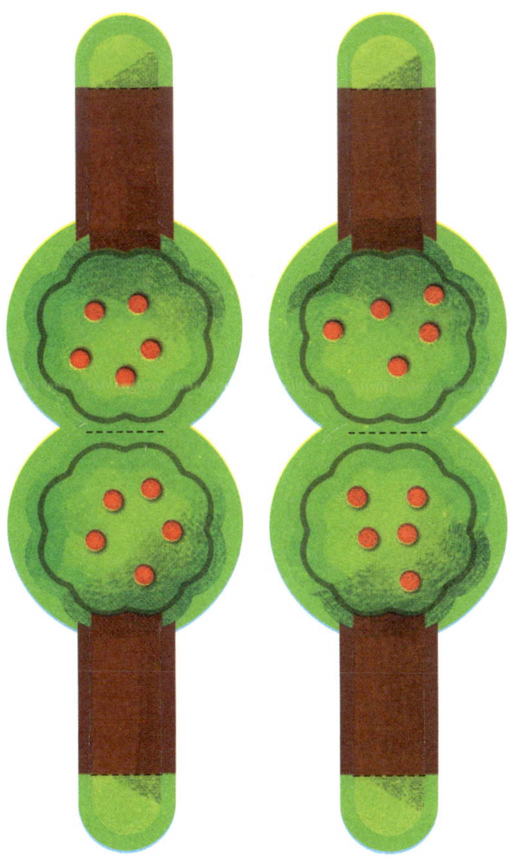

DESTAQUE AS PEÇAS COM CUIDADO. PEÇA A AJUDA DO PROFESSOR.

dobre

cole

DESTAQUE AS PEÇAS COM CUIDADO.
PEÇA A AJUDA DO PROFESSOR.

dobre

cole

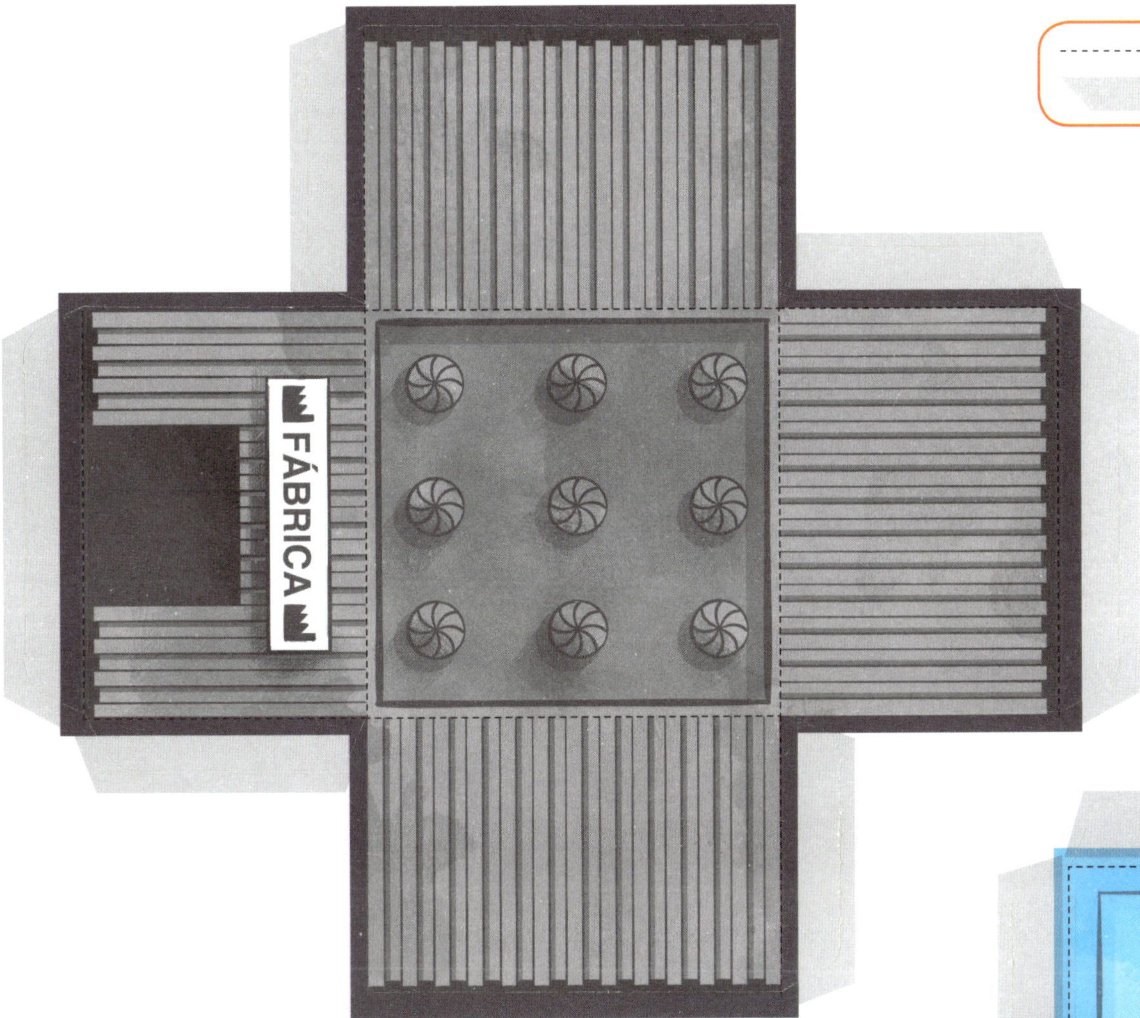

DESTAQUE AS PEÇAS COM CUIDADO. PEÇA A AJUDA DO PROFESSOR.

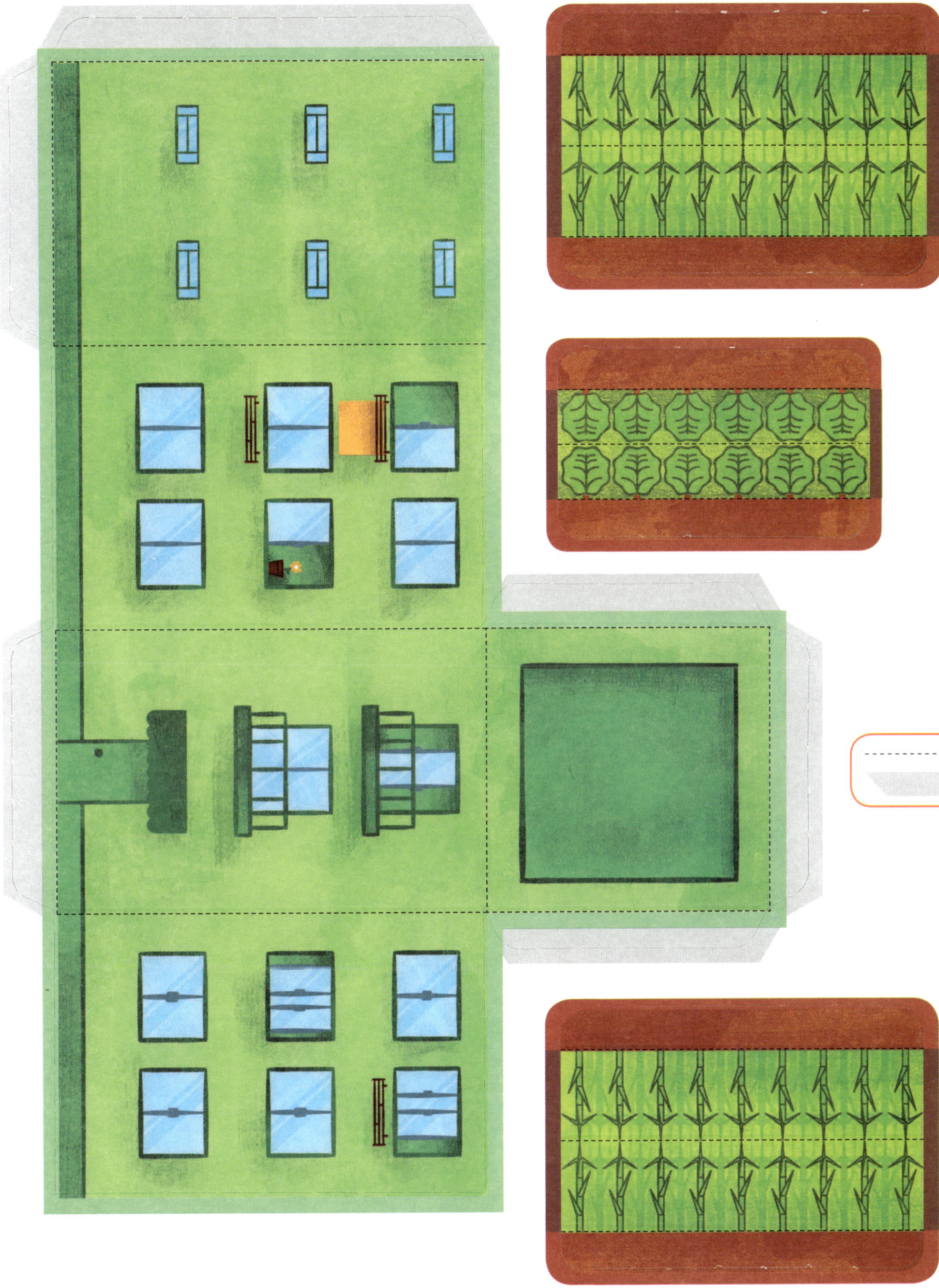

- - - - - - - - - dobre

cole

DESTAQUE AS PEÇAS COM CUIDADO. PEÇA A AJUDA DO PROFESSOR.

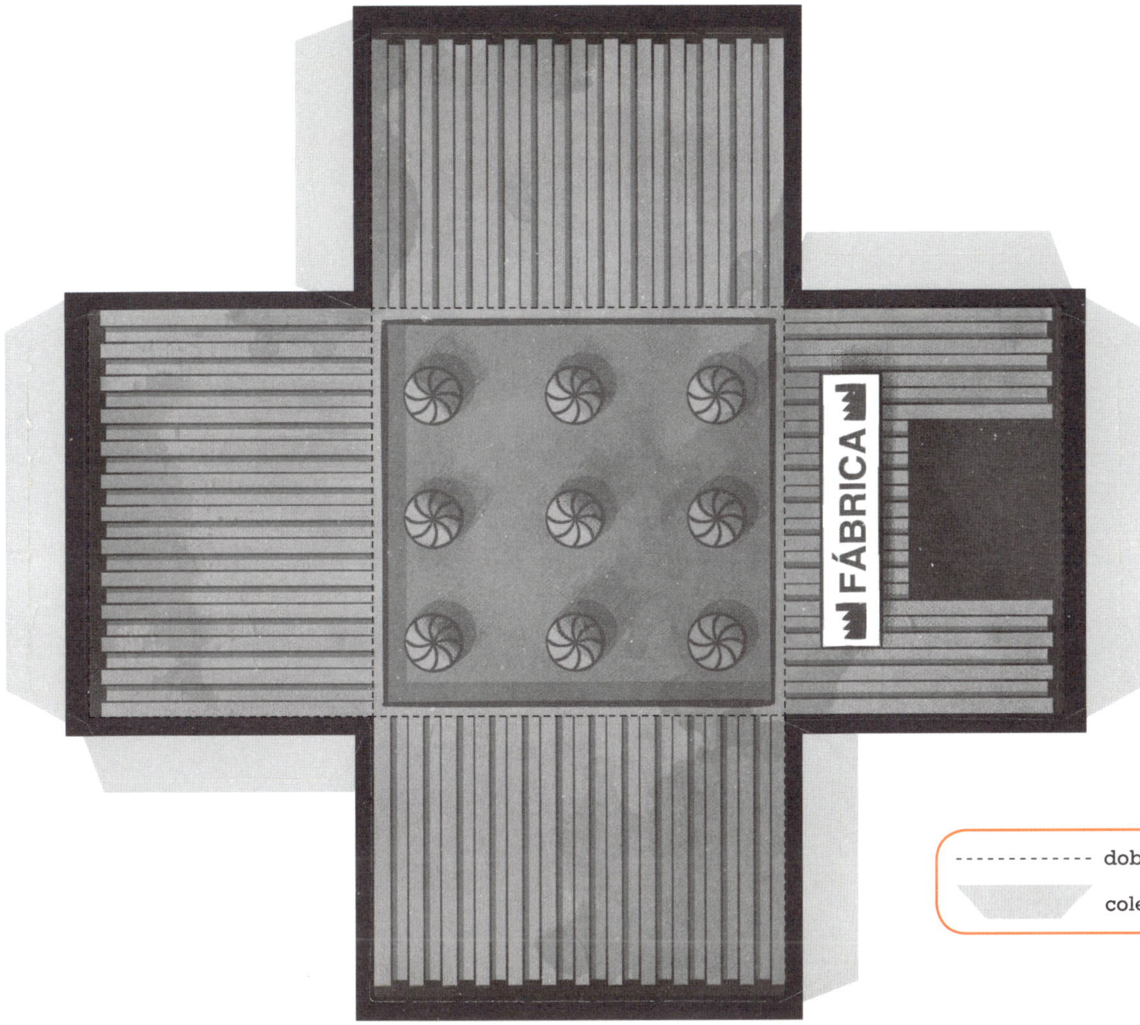

dobre

cole

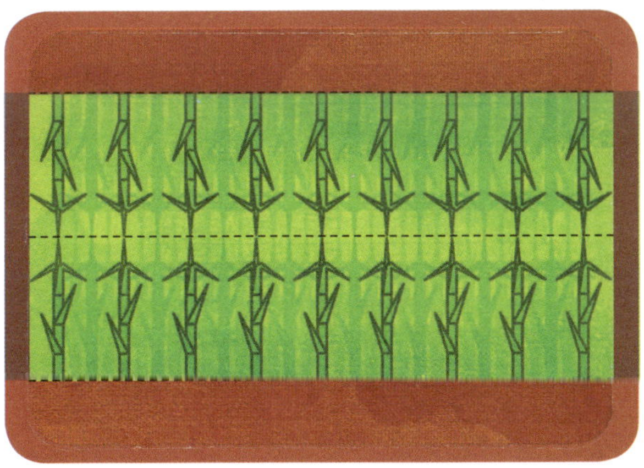

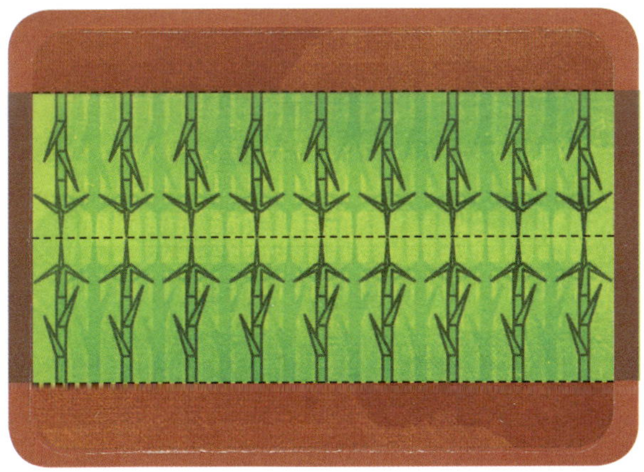

DESTAQUE AS PEÇAS COM CUIDADO. PEÇA A AJUDA DO PROFESSOR.

- - - - - - - - - - - - dobre

cole

DESTAQUE AS PEÇAS COM CUIDADO. PEÇA A AJUDA DO PROFESSOR.

dobre

cole

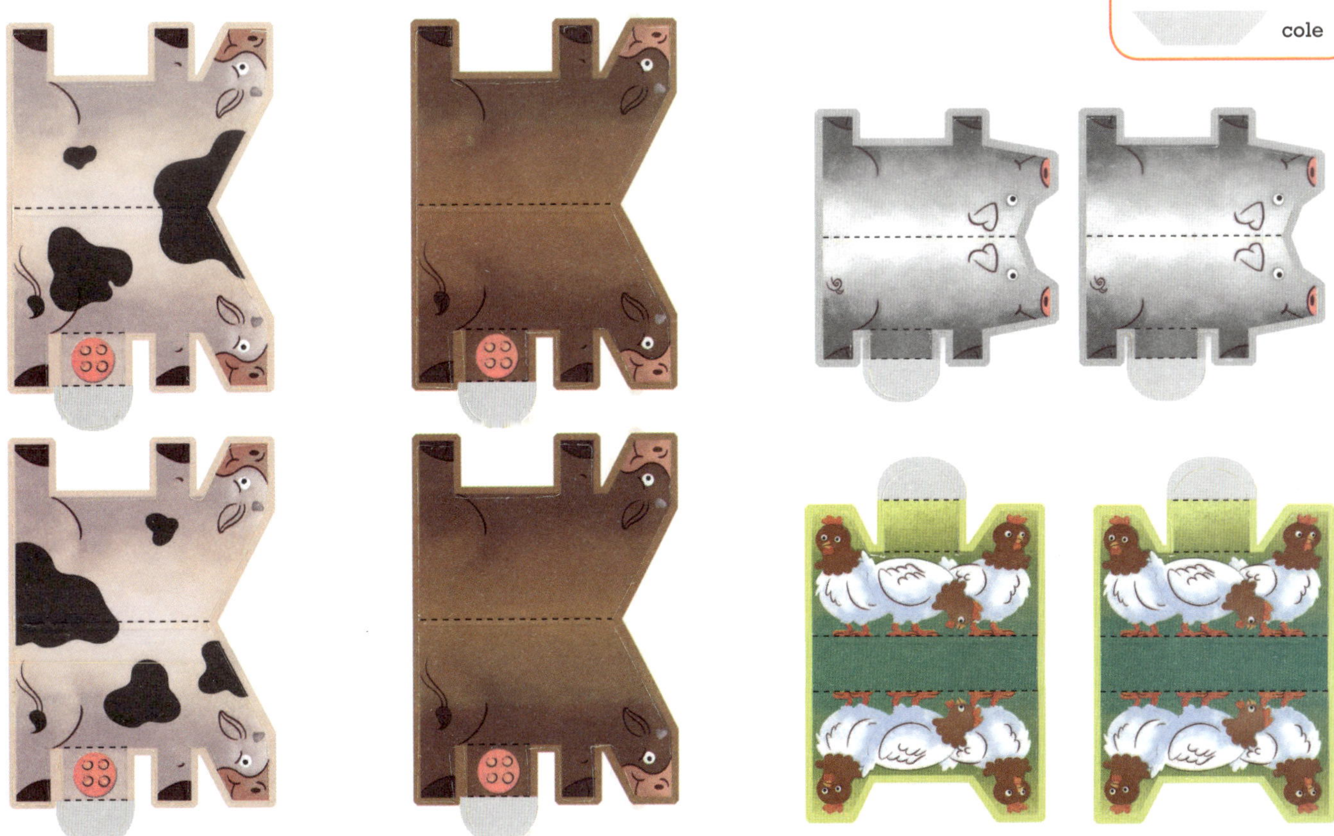

DESTAQUE AS PEÇAS COM CUIDADO. PEÇA A AJUDA DO PROFESSOR.

A ESCOLA FICA PRÓXIMA ÀS RESIDÊNCIAS?

- QUEM INSTALOU A ESCOLA PRÓXIMA ÀS RESIDÊNCIAS MARCA **3 PONTOS**.
- QUEM INSTALOU A ESCOLA DISTANTE DAS RESIDÊNCIAS PERDE **2 PONTOS**.
- QUEM NÃO INSTALOU NENHUMA ESCOLA PERDE **3 PONTOS**.

OS PEDESTRES ESTÃO NAS CALÇADAS E ATRAVESSAM NA FAIXA DE SEGURANÇA?

- QUEM COLOCOU OS PEDESTRES EM SEGURANÇA MARCA **2 PONTOS**.
- QUEM COLOCOU PEDESTRES NAS RUAS, FORA DA FAIXA DE PEDESTRES OU FORA DAS CALÇADAS, PERDE **2 PONTOS**.

OS CICLISTAS ESTÃO CIRCULANDO EM SEGURANÇA?

- QUEM COLOCOU OS CICLISTAS NAS CICLOVIAS MARCA **3 PONTOS**.
- QUEM COLOCOU OS CICLISTAS CIRCULANDO NAS CALÇADAS PERDE **4 PONTOS**.

EXISTEM ESPAÇOS VERDES LIVRES (SEM CONSTRUÇÕES)?

- QUEM DEIXOU ESPAÇOS VERDES LIVRES MARCA **4 PONTOS**.
- QUEM NÃO DEIXOU ESPAÇOS VERDES LIVRES PERDE **4 PONTOS**.

O COMÉRCIO ESTÁ PRÓXIMO ÀS RESIDÊNCIAS?

- QUEM INSTALOU COMÉRCIO PRÓXIMO ÀS RESIDÊNCIAS MARCA **3 PONTOS**.
- QUEM INSTALOU COMÉRCIO DISTANTE DAS RESIDÊNCIAS PERDE **1 PONTO**.
- QUEM NÃO INSTALOU NENHUM COMÉRCIO PERDE **4 PONTOS**.

QUE OUTRAS CARACTERÍSTICAS VOCÊ CONSIDERA IMPORTANTES? CRIE SUA AVALIAÇÃO.

QUEM ______________________________ MARCA _____ **PONTOS**.

QUEM ______________________________ PERDE _____ **PONTOS**.

Fichas de pontuação

DESTAQUE AS PEÇAS COM CUIDADO. PEÇA A AJUDA DO PROFESSOR.

Adesivos para a atividade 1 da página 16 do livro

Adesivos para a atividade 1 da página 16 do livro

Adesivos para a atividade 3 da página 31 do livro

Adesivos para a atividade 1 da página 44 do livro